陆相致密油高效开发基础研究丛书

致密油储层提高采收率机理与方法

戴彩丽　赵明伟　杨胜来　王秀宇　李松岩　魏　兵　孙永鹏　著

科学出版社

北　京

内 容 简 介

我国陆相致密油储层地层压力系数低,原油黏度高,针对单井产量递减快、能量补充难度大、储层非均质性强、注入流体窜流现象严重、油藏动用效率低等现状,急需提出以提高致密油排驱效率为核心的采收率机理和有效方法。本书以"致密油提高采收率要贯穿于开发全过程"为技术理念,综合采用物理模拟、化学模拟、分子模拟等方法,通过多学科综合分析致密油储层和流体特征,阐明排驱过程的基本规律和影响致密油排驱效率的因素;以提高致密油储层多尺度空间动用效率为目标,探索"注气/水增能、周期排驱"的有效动用方式,阐明不同尺度微孔隙空间注CO_2过程中多相间扩散传质、有效混相机理;研发不同功能的新型纳米材料,阐明基于新型纳米材料的降压增注及高效渗吸排驱机制;构筑适用于致密油基质-多尺度缝网的流度控制体系,明确控制特征及吞吐提高采收率潜力,创建致密油储层高效动用的提高采收率方法,为形成陆相致密油高效开发技术提供理论基础。

本书可供从事提高采收率的科研人员和技术人员,以及相关大学、专科院校的师生参考使用。

图书在版编目(CIP)数据

致密油储层提高采收率机理与方法 / 戴彩丽等著. —北京:科学出版社,2020.9

(陆相致密油高效开发基础研究丛书)

ISBN 978-7-03-063541-9

Ⅰ.①致… Ⅱ.①戴… Ⅲ.①致密砂岩–砂岩油气藏–油田开发–提高采收率–研究 Ⅳ.①TE377

中国版本图书馆 CIP 数据核字(2019)第 265419 号

责任编辑:焦 健 柴良木 / 责任校对:王 瑞
责任印制:赵 博 / 封面设计:北京图阅盛世

科 学 出 版 社 出版

北京东黄城根北街 16 号
邮政编码:100717
http://www.sciencep.com

涿州市般润文化传播有限公司印刷
科学出版社发行 各地新华书店经销

*

2020 年 9 月第 一 版 开本:787×1092 1/16
2025 年 2 月第二次印刷 印张:11
字数:260 000

定价:148.00 元

(如有印装质量问题,我社负责调换)

前　言

在全世界范围内，石油与天然气资源既是主要的优质能源，又是保障一个国家政治、经济、军事安全的重要战略物资。我国自1993年成为石油净进口国以来，供需差距逐年增大，原油对外依存度持续上升。油气资源的紧缺已成为制约我国经济社会可持续快速发展的主要瓶颈之一。自2009年以来，美国在致密油勘探开发方面取得重大进展，其中最具代表性的是巴肯和鹰潭致密油的开发。我国致密油的发展起步较晚，近年来，借鉴先进理念与技术，推动了致密油的勘探开发，发现的致密油资源量快速增加。虽然国内致密油开发取得初步的成功，但是国内致密油藏产量递减快，年递减率达40%~90%，衰竭开采后能量补充困难，开发难度很大。

致密油储层孔喉细小，油水界面导致毛管效应显著，致密油储层微孔隙中的原油难以被驱动，仅靠天然能量作用的排驱效率低；同时致密基质与缝网间物性差异大，基质与缝网间原油驱动的矛盾突出，裂缝易成为驱油用水/气的窜流通道。为实现我国陆相致密油藏的高效开发，需针对陆相致密油地质、储层和流体特征，建立适合我国致密油高效开发的提高排驱效率和扩大动用程度的提高采收率方法。

全书共分为4章。第1章主要介绍致密油储层弹性排驱机理研究，由中国石油大学（北京）杨胜来、王秀宇负责；第2章主要介绍致密油储层CO_2增能排驱机理研究，由中国石油大学（华东）李松岩、西南石油大学魏兵负责；第3章主要介绍致密油储层功能纳米材料的研发及降压增注机理研究，由中国石油大学（华东）戴彩丽、赵明伟负责；第4章主要介绍致密油储层基质–缝网系统流度控制体系及提高采收率机理研究，由中国石油大学（华东）戴彩丽、孙永鹏负责。全书由戴彩丽教授负责统稿。此外，还有许多博士生、研究生积极参与编写、图件整理、校对等工作，代表为李玉阳、刘逸飞、刘佳伟、孙宁、丁飞、陶嘉平、李嘉鸣、辛岩、宋旭光等，在此笔者一并表示感谢。

本书是国家重点基础研究发展计划（973计划）"陆相致密油高效开发基础研究"子课题"提高致密油储层采收率机理与方法研究"（2015CB250904）的研究成果总结，在此对所有参与课题研究的工作人员表示衷心的感谢！

由于作者水平及专业限制，本书中难免有不足之处，敬请同行专家与读者批评指正。

目　　录

第1章 致密油储层弹性排驱机理研究

致密油藏的开发在国内外已经成为热点领域之一，全球致密油资源量约为 6.9×10^{11} t，是常规石油资源量的 2.5 倍以上。对于致密油储层来说，渗透率极低（气测渗透率 $<1 \times 10^{-3} \mu m^2$，覆压基质渗透率 $<0.1 \times 10^{-3} \mu m^2$）[《致密油地质评价方法》(GB/T 34906—2017)]，孔隙度 $<10\%$，孔隙结构、渗流环境复杂，因而其油水的渗流特点及规律要比低渗透储层复杂很多（马小明等，2008）。致密油藏开发初期一般产油量相对较高，随后递减很快，年递减率达 40% ~ 90%（赵政璋和杜金虎，2012），因此建立有效的致密油储层能量补充方式和动用效率的方法对提高采收率具有重要意义。

本章以建立我国致密油藏特点的排驱理论为攻关目标，在对致密油排驱机理研究的基础上，为后续各章形成致密油储层能量补充和有效开发的新方法打下基础。建立弹性排驱的实验方法，采用致密油储层天然岩心，研究弹性排驱方式下的影响因素及机理。建立弹性排驱数学模型，得到相应的排驱规律，为致密油的有效动用及提高采收率奠定理论基础。

1.1 致密油储层弹性排驱实验研究

1.1.1 致密油储层弹性排驱物理模拟方法的建立

物理模拟实验是研究致密岩心弹性排驱过程及规律的重要手段之一，在常规油气藏的研究中，已经成功进行相关的物理模拟实验，如凝析气藏的衰竭式开发物理模拟实验。然而，进行致密岩心弹性排驱物理模拟实验存在诸多困难（李士奎等，2007）：①致密岩心孔隙度、渗透率低，建立饱和原油及原始油藏的条件困难、耗时长，需要精确模拟弹性能的条件，且建立致密油藏高温高压条件，对物理模拟设备要求高；②岩心致密，产油量小，通常小于 1mL，产油量精确计量难度大；③由于产油量小，死体积造成的误差大，需计算系统死体积并进行整个系统的弹性修正。

为了解决上述问题，本研究形成的技术方案是，采用 Hassler 拟三轴夹持器模拟地层覆压，夹持器耐压 100MPa，耐温 100℃；微量计量采用小直径的透明微量管，优点是防止液体挥发，并可连续计量；按照 PVT① 高压物性方法标定死体积，消除系统误差，测定并标定体积变化。实验装置如图 1-1 所示，弹性排驱物理模拟系统由高温高压岩心系统、流体供给系统、高精度计量系统、数据采集与记录系统四大部分组成，具体实验流程如下。

---

① 压力-体积-温度（pressure-volume-temperature，PVT）。

（1）参照相关的石油行业标准《岩心分析方法》（GB/T 29172—2012）、《储层敏感性流动实验评价方法》（SY/T 5358—2010）开展实验。

（2）测定系统的管线死体积，进行实验系统的试压、密封性检验，要求试压到100MPa且不泄漏流体。将带孔的铁岩心装入岩心夹持器，向地层注水使系统围压及孔隙压力逐步升高到70MPa和50MPa，关闭上、下游阀门，待系统压力稳定后，轻微打开下游阀门进行多级降压实验，测定各压力降期间的弹性产液量，绘制压力–弹性产液量曲线，为后续产油量校正使用。

（3）岩心洗油后，饱和地层水，通过油驱水的方法饱和油，建立束缚水及原始含油状态。

（4）实验在恒温箱中进行，实验温度模拟地层温度。将5块2.5cm柱塞岩心饱和油后，串联装入岩心夹持器中，形成长度约为0.5m的长岩心，放入恒温箱中。

（5）通过岩心夹持器入口端向岩心注入含气地层原油，驱替岩心中的原油。同时逐渐升高岩心上游压力至原始地层压力（孔隙压力），以及下游回压阀的压力，使岩心中平均孔隙压力逐渐上升。在此过程中同步升高围压，直至达到地层的上覆岩石压力。

（6）关闭下游出口端手动阀门，长时间稳定，使岩心中流体压力分布均匀，达到原始油藏状态。

（7）打开岩心出口端手动阀门，在压力自然衰减的过程中，测定出口端的流量随时间的变化；测量并记录衰竭式开采过程中上游压力、累计产油量，计算其采收率。

（8）总结不同压力时衰竭开采的采收率规律。

（9）改变初始岩样长度、压降幅度及生产最终的压力，重复上述实验步骤，得到各因素对弹性排驱的影响。

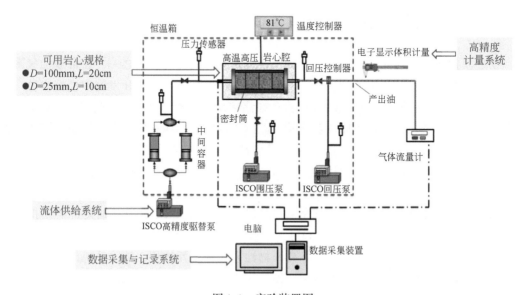

图 1-1　实验装置图

D 为岩心直径；L 为长度

1.1.2　不同工作制度下弹性排驱实验设计

根据新疆某区块的地质特征、生产工艺、主要参数，设计物理模拟单元体（基质和裂缝缝网两种），开展多种条件下的排驱模拟实验。选取了 10 块岩心，其中两块带有天然裂缝。实验用参数范围见表 1-1，实验中所取的上覆岩石压力、储层压力、井口油压、降压幅度等数据见表 1-2。

表 1-1　实验用参数范围

实验参数	数值范围
温度/℃	81
渗透率/$10^{-3}\mu m^2$	0.0017 ~ 0.15
原油黏度/(mPa·s)	0.8 ~ 20.5
原油气油比/(m^3/m^3)	17
实验初始压力/MPa	原始地层压力 43，注水增能至 53
降压方式	连续降压、间歇降压

表 1-2　实验用各种压力的计算及取值范围

原始地层条件			压裂关井后			开井生产阶段			
储层深度/m	上覆岩石压力/MPa	储层压力/MPa	井口油压/MPa	井内液柱压力/MPa	补能后储层压力/MPa	井口油压/MPa	井内液柱压力/MPa	井底压力/MPa	降压幅度/MPa
						五组实验设定的取值			
3000	73.5	38（压力系数 1.3）	43	29.4	72.4	42.9	26.46	69.36	3.0
						32.9	26.46	59.36	13.0
						22.9	26.46	49.36	23.0
						12.9	26.46	39.36	33.0
						2.9	26.46	29.36	43.0

采用建立的实验装置及实验技术进行了弹性排驱实验，实验步骤如下。

（1）将烘干岩心放入夹持器中，上、下游阀门打开，并将中间容器的阀门打开。

（2）关闭下游阀门，将泵压设置为恒定 43MPa，以恒压驱替。

（3）待回压升高到 43MPa 时，继续开泵 4h，进行饱和原油操作。

（4）打开下游阀门，进行衰竭开采实验，期间记录时间和产油量数据。对于一级衰竭开采，分别将下游压力降低至 30MPa、20MPa 和 10MPa 时，关闭下游阀门。降压的速率依靠阀门的开度控制。对于两级衰竭开采，压降每降低 10MPa 或 5MPa，关闭下游阀门，等待 3h，进行压力平衡，然后再开井生产。

（5）上游压力降至接近设定的废弃压力时，弹性排驱实验结束。

1.1.3 不同工作制度下弹性排驱生产规律及影响因素

1. 降压幅度与流度对弹性排驱效率的影响

图1-2是三个不同降压幅度的弹性排驱生产曲线,图1-2(a)是压力随时间的衰竭曲线。一般而言,生产初期压力下降幅度较大,为压力高速递减区,但随着时间的增加,降压幅度逐渐较小,并趋于稳定。图1-2(b)是弹性排驱效率随时间的变化规律,随着时间的增加,弹性排驱效率衰减上升,后期趋于稳定。

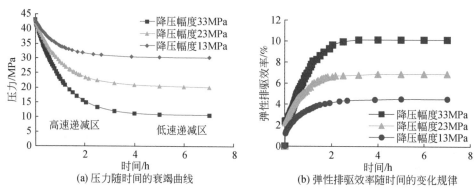

(a) 压力随时间的衰竭曲线   (b) 弹性排驱效率随时间的变化规律

图1-2　不同降压幅度的弹性排驱生产曲线

弹性排驱效率定义为生产过程中,某一瞬时的累计采油量与原始地质储量之比。每个弹性排驱过程结束时最终的采出程度,即最大的采出程度,称为排驱效率。由图1-2可知,从储层压力43MPa分别弹性生产到30MPa、20MPa和10MPa时,弹性排驱效率显著不同。降压幅度越大,弹性排驱效率越高。

图1-3是不同岩心渗透率下的弹性排驱效率与井底压力的关系曲线,由图可知,在相同的降压幅度下,渗透率K越高,岩样弹性排驱效率越高,弹性排驱效率与井底压力越近

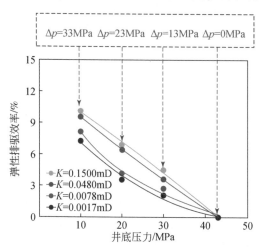

图1-3　弹性排驱效率与井底压力的关系曲线

$$1D = 0.986923 \times 10^{-12} \, m^2$$

似于线性变化。这主要是因为岩石渗透率的大小会显著影响流体流度，渗透率越大，流体流度越大，流动能力越强，从而有更多的原油流入井底，致使依靠弹性排驱的原油采收率增加。弹性排驱效率与流度的关系如图1-4所示。

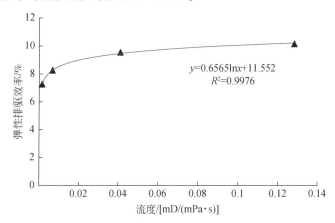

图1-4 弹性排驱效率与流度的关系（以压降幅度33MPa为例）

通过探究降压幅度和流度对弹性排驱效率的影响可得到以下认识，①弹性排驱效率与降压幅度呈正相关；②随流度增大，弹性排驱效率递增。

2. 人工压裂裂缝密度对弹性排驱效率的影响

为探究人工压裂裂缝密度对弹性排驱效率的影响，实验中取降压幅度为33MPa、流度分别为0.001mD/(mPa·s)、0.01mD/(mPa·s)、0.1mD/(mPa·s)和0.2mD/(mPa·s)，研究不同裂缝密度下的弹性排驱效率。

裂缝的密度用两个参数表示，一是压裂岩块半长，二是裂缝密度。图1-5（a）为岩块半长与弹性排驱效率的关系，图1-5（b）为裂缝密度与弹性排驱效率的关系。

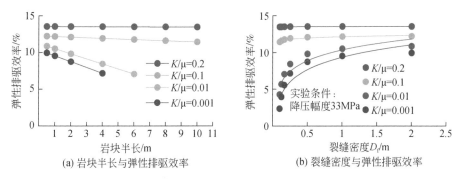

图1-5 裂缝的密度与弹性排驱效率的关系

μ 为黏度

图1-5（a）表明，当流度相同时，岩块半长越长，弹性排驱效率越低，降低趋势呈线性变化。当岩块半长相同时，流度越高，弹性排驱效率越高，并且随着岩块半长的增加，相同的岩块半长所对应的弹性排驱效率差距越来越大。图1-5（b）同样表明，裂缝密度越大，弹性排驱效率越高。

3. 含气量对弹性排驱效率的影响

为研究原油中含气量（气油比）对排驱效率的影响规律，用不同气油比的原油开展弹性排驱实验，其中岩心参数见表1-3。

表1-3　致密油含气原油弹性排驱实验岩心参数

样品编号	长度/cm	直径/cm	孔隙度/%	渗透率/mD
M16-2	7.251	2.531	17.73	0.5100
M19-1	7.144	2.529	15.57	0.0097

图1-6（a）表明，排驱过程中随着时间的增加，含气原油弹性排驱效率逐渐增加，且在初始阶段增加较快，后期变缓。岩心渗透率变大时，弹性排驱效率较高，为14.3%~16.4%。图1-6（b）为含气原油与脱气原油弹性排驱实验结果对比，从图中可以看出，含气原油的弹性排驱效率比相同条件下的脱气原油弹性排驱效率高1.5%左右，这主要是含溶解气原油的弹性能有所增加，从而提高了弹性排驱效率。另外，原油溶解天然气后原油黏度下降，流动性改善，压力传导快，渗流速度变大。脱气原油与含气原油的压力分布图如图1-7所示。

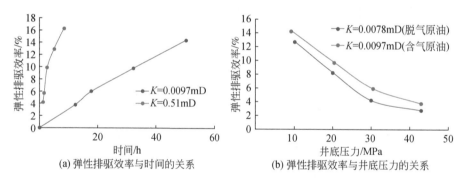

(a) 弹性排驱效率与时间的关系　　(b) 弹性排驱效率与井底压力的关系

图1-6　不同渗透率岩心含气原油、脱气原油弹性排驱效果对比

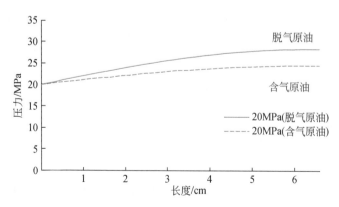

图1-7　脱气原油与含气原油的压力分布图

同一岩心，含气原油压力下降快，流动容易，排驱效率高

弹性排驱效率与气油比的关系如图 1-8 所示。由图 1-8 可知，随着气油比的增大，弹性排驱采出程度逐渐增大，表明含气原油排驱效率高于脱气原油排驱效率（在饱和压力以上范围内），含气原油的弹性能高于脱气原油。因此可以推测，在矿场弹性排驱生产时，注气措施有利于增加弹性能。

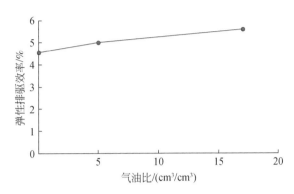

图 1-8 弹性排驱效率与气油比的关系曲线

4. 压力衰竭方式对弹性排驱效率的影响

为了获得压力衰竭方式对弹性排驱效率的影响规律，开展了连续降压与间歇降压两种实验，对比相同降压幅度条件下，两种降压方式的弹性排驱效率。连续降压是指在降压过程中从原始地层压力逐渐降低至废弃压力。间歇降压是指在从原始地层压力逐渐降压过程中，关井停产一段时间，然后再开井正常生产，降压到废弃压力。

实验模拟矿场生产实际中的压裂过程，使地层憋起高压（43MPa），然后再进行衰竭式生产，压力降低至 2.7MPa 则停止生产，降压幅度为 40MPa。

实验表明，采用两种不同的生产方式（降压方式）时，储层的压力变化是不同的，图 1-9（a）是采用连续降压和间歇降压的方式下，降压幅度随时间的变化曲线，图 1-9（b）是采用连续降压和间歇降压的方式下弹性排驱效率随时间的变化曲线。由图 1-9（b）可知，在压力高于饱和压力的前提条件下，同样压降幅度（生产压差）时，连续降压排驱效率高于间歇降压排驱效率，在压降幅度为 40MPa 时，与间歇降压生产相比，连续降压的排驱效率高 0.3%~0.5%。

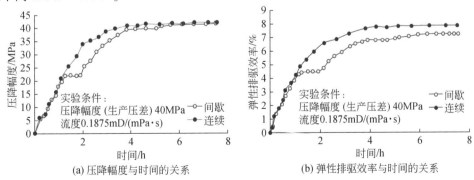

(a) 压降幅度与时间的关系　　(b) 弹性排驱效率与时间的关系

图 1-9 不同压力衰竭方式对弹性排驱效率的影响

用5块岩心进行了连续降压排驱及间歇降压排驱实验，结果对比见表1-4及图1-10。由图1-10可知，不同渗透率岩心的连续降压时的弹性排驱效率总是高于间歇降压时的弹性排驱效率，主要是间歇降压增加了能量的消耗。有天然裂缝的岩心在衰竭时形成快速渗流通道，附加渗流阻力较小。因此，衰竭生产制度的改变对有天然裂缝的岩心影响较小。现场进行衰竭生产时，在可行的范围内尽量放大降压幅度有利于提高弹性排驱效率。

表 1-4 致密油弹性排驱实验岩心数据

编号	渗透率/mD	长度/cm	直径/cm	孔隙度/%	天然裂缝	E_1/%	E_2/%	$(E_1-E_2)/E_1$/%
XR2	0.13	6.72	2.53	10.31	无	7.101	5.917	16.674
XR3-1	0.54	6.48	2.38	8.91	无	10.024	8.284	17.358
XR3-2	0.81	6.56	2.44	7.53	无	11.069	9.231	16.605
XR4	1.36	5.91	2.39	11.29	有	10.338	9.785	5.349
XR7-1	1.83	6.27	2.51	14.61	有	13.647	12.797	6.228

注：E_1表示连续降压弹性排驱效率，E_2表示间歇降压弹性排驱效率。

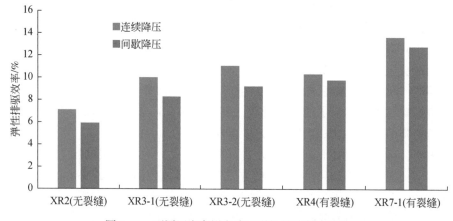

图 1-10 不同压力衰竭方式下弹性排驱效率对比

从机理上讲，间歇降压过程中，关井后再开井，损失了部分弹性能，致密油储层中启动和流动困难，导致弹性排驱效率降低。从该实验得到启示，在现场生产过程中，尽量保持油井的连续生产，可以快速更换不同尺寸的油嘴来调节生产，但不要长时间关井。在生产过程中，开关井造成的弹性能损失越多，用于驱油的弹性能越小，弹性排驱效率越低。

5. 降压速率对弹性排驱效率的影响

本次研究开展了不同降压速率下的连续降压弹性排驱实验，实验室内降压速率分别为9MPa/h、6MPa/h、3.8MPa/h和2.1MPa/h，降压幅度相同，实验结果如图1-11所示。由图1-11（a）可知，随着时间的增加，累计弹性排驱效率逐渐升高，并趋于稳定；由图1-11（b）可知，降压速率与弹性排驱效率呈抛物线关系。随着降压速率的增大，累计产量及弹性排驱效率逐渐增大。但当降压速率增大到一定程度后，弹性排驱效率开始减小。实验结果表明，①由于致密油储层渗透率低、启动压力梯度较高、渗流阻力大，当降压速率适当增大时（峰值左侧），压力梯度增大，渗流速度变快，有利于原油产出，因此，增大降压速率有利于提高弹性排驱效率；②在降压速度大于一定数值时（峰值右侧），随着降压速率的增大，储层应力敏感性的作用逐渐增强，储层渗透率降低，微裂缝闭合，不利于原油产出，弹性排驱效率下降；③更换油嘴作业可以控制降压速率，一般初期使用较小的油嘴，后期当压力下降、产量下降后，逐渐更换较大的油嘴；④通过控制油嘴来控制降压速率时，保持一定的降压速率，能够合理利用弹性能，获得较高的弹性排驱效率。

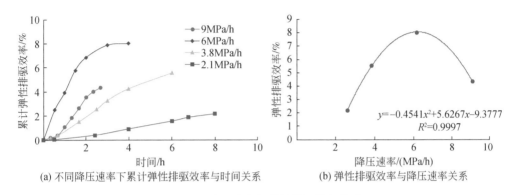

(a) 不同降压速率下累计弹性排驱效率与时间关系　(b) 弹性排驱效率与降压速率关系

图 1-11　降压速率与弹性排驱效率关系

1.2　致密油弹性排驱效率数学模型的建立与应用

1.2.1　数学模型推导

1. 基本假设

针对岩石、流体物理性质以及它们之间的相互作用做出如下假设：

（1）岩石的孔隙体积、渗透率不随时间变化；

（2）岩石单元体为均质，无各向异性；

（3）原油在基质孔隙中流动时不与其表面发生物化作用；

（4）原油流动为存在启动压力梯度的非线性流动；

（5）流体为单相，可压缩；

（6）启动压力梯度不随渗流发生变化，为一固定值；

（7）裂缝端面处的压力为一定值。

2. 基于平衡方程的弹性排驱效率数学模型推导过程

根据水平井多级压裂工艺，取两条人工裂缝之间的岩块为研究单元，岩块向裂缝的流动（渗流）可以看作一维渗流，如图 1-12 所示。

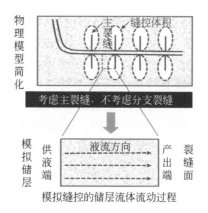

图 1-12　裂缝型油藏原油流动模型

对上述模型可以依据流体一维渗流时的流动规律来建立弹性排驱效率的数学模型，同时也与室内模拟实验相对应。图 1-13（a）为基质块的数学模型，图 1-13（b）为单根岩心的数学模型单元体。

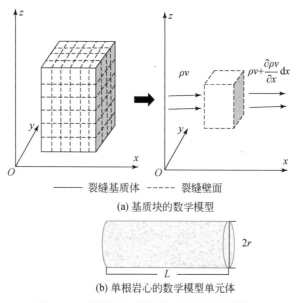

(a) 基质块的数学模型

(b) 单根岩心的数学模型单元体

图 1-13　基质块和单根岩心尺度的数学模型

ρv 为初始某点质量速度，$\frac{\partial \rho v}{\partial x}\mathrm{d}x$ 为质量速度变化量

设 L 为单元体长度（相当于两条人工缝之间岩块长度的半长），流体在岩样中的流动属于一维流动，选择一个微元体 $\mathrm{d}l$，则微元体内的弹性驱动的采油量如式（1-1）所示：

$$\mathrm{d}\Delta V = \frac{1}{B_{\mathrm{o}}} \times C_{\mathrm{t}} \times \mathrm{d}V \times \Delta p = \frac{1}{B_{\mathrm{o}}} \times C_{\mathrm{t}} \times \pi r^2 \times \mathrm{d}l \times (p_{\mathrm{i}} - p_{\mathrm{wf}} - GL) \tag{1-1}$$

式中，C_{t} 为综合压缩系数；r 为岩心半径；Δp 为压降幅度，MPa；p_{i} 为地层压力，MPa；p_{wf} 为井底流压，MPa；G 为启动压力梯度，MPa/m；L 为单元体长度，m；B_{o} 为井底流压下的原油体积系数。

因此可以得到，在整个可动用的渗流区内，流体依靠弹性能所采出的总油量为

$$\Delta N_P = \frac{1}{B_o} \int_0^L C_t \pi r^2 (p_i - p_{wf} - GL) \, \mathrm{d}l = \frac{C_t \pi r^2}{B_o} \left[(p_i - p_{wf}) L - \frac{GL^2}{2} \right] \quad (1-2)$$

根据容积法可以得到泄油范围内的地质储量：

$$N = \frac{\pi r^2 L \phi (1 - s_{wc})}{B_i} \quad (1-3)$$

式中，ϕ 为孔隙度，%；B_i 为原始地层压力下原油的体积系数；s_{wc} 为束缚水饱和度。

因此，由式（1-2）和式（1-3）可以得到原油弹性排驱效率为

$$E_o = \frac{C_t}{\phi (1 - s_{wc})} \frac{B_i}{B_o} \left[(p_i - p_{wf}) - \frac{GL}{2} \right] \quad (1-4)$$

如果以裂缝密度进行表示，则式（1-4）即变为式（1-5）。裂缝密度的含义是单位岩块体积所控制的表面积。

$$E_o = \frac{\Delta N_P}{N} = \frac{C_t}{\phi (1 - s_{wc})} \left[(p_i - p_{wf}) - \frac{Gm_f}{2} \right] \quad (1-5)$$

式中，E_o 为弹性排驱效率；m_f 为裂缝密度，m^{-1}。

根据式（1-4）和式（1-5）可知，岩石与流体的综合压缩系数和降压幅度与弹性排驱效率呈正相关；岩样孔隙度、长度和启动压力梯度与弹性排驱效率呈负相关。因此在开发过程中，要使得弹性排驱效率最大化，合理地增大降压幅度是极为重要的。

1.2.2　模型的正确性验证

通过实验数据验证模型的正确性，实验内原始测试数据见表 1-5。

表 1-5　实验室内原始测试数据

岩心编号	孔隙度 /%	岩心长度 /cm	流度 /[mD/(mPa·s)]	衰竭生产压差 Δp/MPa	启动压力梯度 /(MPa/m)	采收率 /%
1	11.02	6.768	0.1282	13	0.29	4.49
	11.02	6.768	0.1282	23	0.29	6.90
	11.02	6.768	0.1282	33	0.29	10.14
	11.02	6.768	0.1282	43	0.29	13.75
2	12.98	8.006	0.0410	13	2.47	3.62
	12.98	8.006	0.0410	23	2.47	6.34
	12.98	8.006	0.0410	33	2.47	9.54
	12.98	8.006	0.0410	43	2.47	13.21
3	7.32	7.328	0.0067	13	5.77	2.77
	7.32	7.328	0.0067	23	5.77	4.20
	7.32	7.328	0.0067	33	5.77	8.27
	7.32	7.328	0.0067	43	5.77	12.76

岩心编号	孔隙度 /%	岩心长度 /cm	流度 /[mD/(mPa·s)]	衰竭生产压差 Δp/MPa	启动压力梯度 /(MPa/m)	采收率 /%
4	7.83	7.03	0.0015	13	6.56	2.05
	7.83	7.03	0.0015	23	6.56	3.55
	7.83	7.03	0.0015	33	6.56	7.26
	7.83	7.03	0.0015	43	6.56	11.96

注：在实验中，使用煤油驱替，综合压缩系数取 $C_t = 1\times10^{-3}\,\text{MPa}^{-1}$。

将表 1-5 的数据代入式（1-4）可以得到如表 1-6 所示的室内实验测试结果与模型计算结果的对比。

表 1-6　室内实验测试结果与模型计算结果的对比　　　　　（单位:%）

实测值（$E_{实际}$）	预测值（$E_{预测}$）	相对误差 $[E=(E_{实际}-E_{预测})/E_{实际}]$
4.49	4.30	0.042
6.90	7.61	−0.103
10.14	10.93	−0.078
13.75	14.24	−0.036
3.62	3.63	−0.003
6.34	6.44	−0.016
9.54	9.25	0.030
13.21	12.06	0.087
2.77	6.38	−1.303
4.20	11.36	−1.705
8.27	16.35	−0.977
12.76	21.34	−0.672
2.05	5.95	−1.902
3.55	10.61	−1.989
7.26	15.28	−1.105
11.96	19.94	−0.667

对二者数据点特征进行观察可得，从图 1-14（a）和图 1-14（b）中可以看出，室内实验测试结果与模型计算结果具有良好的吻合度。因此，式（1-5）可作为预测实验结果的公式。

对二者进行相关性处理，从图 1-15 中可以明显看出，室内实验测试结果与模型计算结果具有良好的线性关系，从而进一步说明了实验模型建立的正确性。

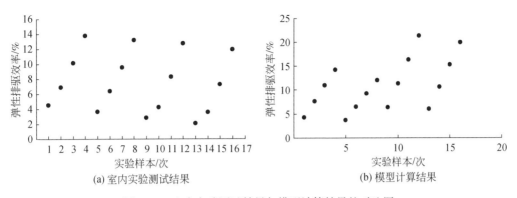

(a) 室内实验测试结果　　　　　　(b) 模型计算结果

图 1-14　室内实验测试结果与模型计算结果的对比图

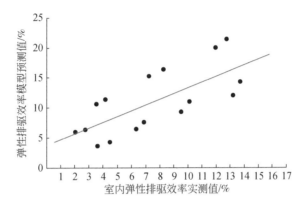

图 1-15　室内实验测试结果与模型计算结果的线性回归图

1.2.3　数学模型的应用

　　弹性排驱效率受多个因素影响，通过改变其中的某一个参数（保持其他参数不变），可研究该参数对弹性排驱效率影响的规律。模拟实验发现，启动压力梯度与流度之间具有良好的指数函数关系，如图 1-16 所示。

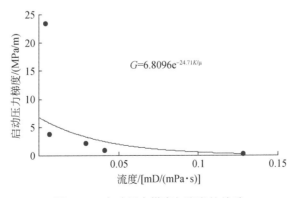

$$G=6.8096e^{-24.71K/\mu}$$

图 1-16　启动压力梯度与流度的关系

将启动压力梯度代入弹性排驱效率公式［式（1-5）］中可以得到，在不同流度下，压降幅度与弹性排驱效率的关系如图 1-17 所示。可以得出，当流度相同时，岩样弹性排驱效率与压降幅度呈正相关关系，且流度越大，岩样的弹性排驱效率越高。

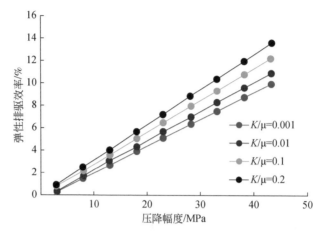

图 1-17　压降幅度与弹性排驱效率关系

在不同流度下，裂缝密度与弹性排驱效率的关系如图 1-18 所示。可以得出，当流度相同时，弹性排驱效率随裂缝密度增大而增大，且流度越大，弹性排驱效率越高。

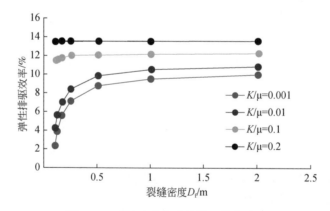

图 1-18　裂缝密度与弹性排驱效率关系

在相同的压降幅度 Δp 下，流度与弹性排驱效率的关系如图 1-19 所示。可以得出，同一流度下，弹性排驱效率与降压幅度呈正相关；当降压幅度相同时，流度越大，弹性排驱效率越高。

根据室内正交实验的计算结果，计算不同因素对弹性排驱效率影响的极差，确定各因素对弹性排驱效率影响的主、次关系。如表 1-7 所示，弹性降压幅度（压差）是弹性能开采的第一影响因素，启示我们在弹性开发后期必须补充能量；裂缝密度是第二影响因素，可依靠压裂设计和施工，尽量加大裂缝密度；流度是第三影响因素，可通过甜点、有利选区，以获得较好的弹性排驱效率。

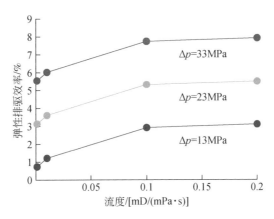

图 1-19　流度与弹性排驱效率关系

表 1-7　不同因素对弹性排驱效率影响的程度

因素	压差/MPa	裂缝密度/m^{-1}	流度/[mD/(mPa·s)]
极差 R	7.87	5.26	4.13

1.3　致密油储层渗吸排驱实验研究

1.3.1　致密油储层渗吸排驱装置的建立

1. 静态渗吸装置的建立

针对致密岩心渗透率低、孔隙度低导致渗吸量小、单次计量误差大等难点（魏铭江等，2015），基于浮力原理，设计搭建了致密岩心静态渗吸实验装置，如图 1-20 所示。实验改进主要体现在两个方面，一是利用精密天平（精度为 0.001g）进行计量；二是利用自行研发软件实时监测记录数据，可进行渗吸速率的计算（王牧邦等，2015）。

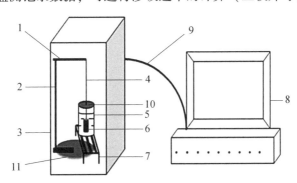

图 1-20　质量法静态渗吸实验装置示意图

1. 岩样悬挂架；2. 质量传递架；3. 电子天平；4. 悬绳；5. 容器；
6. 岩样；7. 容器架；8. 电脑；9. 数据线；10. 容器盖

实验方法的建立（贾承造等，2012）：

（1）参照标准《岩心分析方法》（GB/T 29172—2012）和《储层敏感性流动实验评价方法》（SY/T 5358—2010）；

（2）岩心洗油后选样，测量直径、长度、孔隙度、气测渗透率等物性参数；

（3）岩心抽真空 3~4h，然后在真空环境下充分饱和 24h。岩心饱和过程中不考虑束缚水，充分饱和油；

（4）把饱和油的岩心取出，除去表面的浮油，迅速放入装有模拟地层水的烧杯中；

（5）电脑自动实时记录实验数据。

2. 动态渗吸装置的建立

有很多学者进行了低渗储层渗吸实验和机理的研究（Zhang et al.，1996；朱维耀等，2002；王家禄等，2009；Mason et al.，2012；Rezaveisi et al.，2012），但对于致密油储层动态渗吸却研究较少。我们在以往实验装置优缺点的基础上，自主设计动态渗吸瓶，通过磁力搅拌器带动水的流动，模拟动态渗吸的实验条件。该装置可以高精度计量渗吸出油量，最小可读体积 0.005mL。体积法动态渗吸装置如图 1-21 所示。挡板为大网孔硬塑料，对岩心底面的遮挡可忽略。为了模拟地层条件，研制了如图 1-22 所示的高温高压动态渗吸实验装置。该装置底部带有旋转搅拌器，模拟动态渗吸条件，承压可达到 20MPa，耐温可达到 80℃。利用该实验装置，研究了渗透率、岩心长度等因素对动态渗吸的影响。

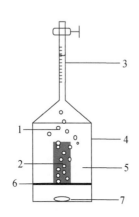

图 1-21　体积法动态渗吸装置示意图　　图 1-22　高温高压动态渗吸
1. 油珠；2. 岩心；3. 高精度计量管；4. 渗吸瓶；　　　　　装置实物图
5. 地层水；6. 挡板；7. 搅拌器

1.3.2　不同因素对致密油储层静态渗吸的影响

在渗吸实验建立基础上，研究了致密油储层渗吸机理及影响因素，包括岩心渗透率、岩心长度、温度等（濮御等，2016）。温度对静态渗吸采出程度的影响如图 1-23 所示，温度对渗吸采出程度影响很大，温度越高越有利于渗吸。

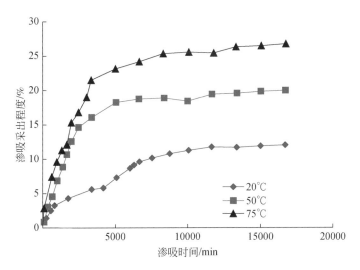

图 1-23　不同温度下的静态渗吸采出程度

室内静态渗吸实验结果具有实用意义，可通过无因次静态渗吸时间转化关系预测实际油田的开发效果。这就是 Rapoport 所提出的：把室内条件下的静态渗吸实验结果应用到成油田条件下（Rapoport，1995）。自此，相关研究人员先后提出了多种无因次静态渗吸时间模型（Cueice et al.，1994；Zhou et al.，2002；Li and Horne，2004；Schmid and Geiger，2013；Ma et al.，1996）。这些模型中，Ma 所提出的模型至今仍被大多数人所使用。Ma 考虑到原油黏度、渗透率、孔隙度、界面张力等参数对渗吸的影响，把描述静态渗吸的无因次时间参数 t_D 定义为

$$t_D = t\,\frac{\sigma\sqrt{\dfrac{K}{\phi}}}{\sqrt{\mu_o\,\mu_w}\,L_s^2} \tag{1-6}$$

式中，σ 为油水界面张力，mN/m；ϕ 为多孔介质的孔隙度；K 为多孔介质的渗透率，mD；μ_w 为水相黏度，mPa·s；μ_o 为油相黏度，mPa·s；t 为渗吸时间，s；L_s 为岩心特征长度，cm。

$$L_s = \sqrt{\frac{V_b}{\displaystyle\sum_{i=1}^{n}\frac{A_i}{l_{A_i}}}} \tag{1-7}$$

式中，V_b 为岩心体积，cm³；A_i 为 i 方向的自发渗吸面积，cm²；l_{A_i} 为自发渗吸面 A_i 到非渗透边界之间的距离，cm；n 为参与渗吸的表面的数量。

为得到图版，引出相对渗吸效率，即将渗吸采出程度进行无因次化处理，其计算式如式（1-8）所示：

$$E_r = \frac{E_t}{E_\infty} \tag{1-8}$$

式中，E_r 为相对渗吸采出程度；E_t 为 t 时刻的渗吸采出程度，%；E_∞ 为渗吸终止时的采出程度，%。

由多组渗吸实验数据，得到 E_r 与 t_D 的关系，根据趋势线回归公式，引入参数 $m = \dfrac{\sigma\sqrt{\dfrac{K}{\phi}}}{\sqrt{\mu_o\mu_w}}$，即可建立 E_r 与 $\dfrac{t}{L_s^2}$ 的关系曲线，从而得到静态渗吸相对采出程度理论图版（图 1-24）。利用该图版可预测和评价不同尺寸油藏在不同时间的相对渗吸程度。对于基质单元（1m³ 立方体），$L_s=0.2886$m。当 t 为 100 天（即 1.44×10^5min）时，$\dfrac{t}{L_s^2}=1.73\times10^6$，查得无因次采出程度 $E_r=0.12$，当室内评价 $E_\infty=10\%$ 时，估算渗吸采出程度 $E_t=1\%$。

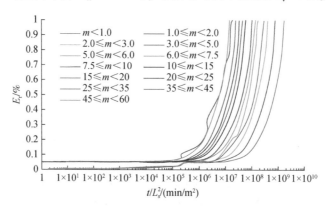

图 1-24　静态渗吸相对采出程度理论图版

1.3.3　不同因素对致密油储层动态渗吸的影响

1. 渗透率对致密油储层动态渗吸的影响

1）渗透率小于 $0.1\times10^{-3}\,\mu m^2$ 的岩心实验

在渗透率小于 $0.1\times10^{-3}\,\mu m^2$ 范围内，岩心渗透率越低，最终动态渗吸采出程度越高（Schechter *et al.*，1991）。图 1-25 为岩心 R4-1、R4-2、R4-3 的渗吸采出程度随时间关系曲线，岩心渗透率分别为 $0.031\times10^{-3}\,\mu m^2$、$0.053\times10^{-3}\,\mu m^2$ 和 $0.059\times10^{-3}\,\mu m^2$，最终所对应的动态渗吸采出程度分别为 20.8%、18.7%、15.8%。

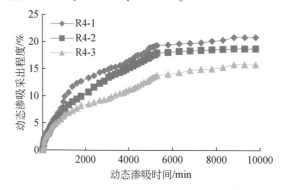

图 1-25　渗透率小于 $0.1\times10^{-3}\,\mu m^2$ 的致密岩心的动态渗吸采出程度

2）渗透率在 $0.1 \times 10^{-3} \sim 0.5 \times 10^{-3}\,\mu m^2$ 的岩心实验

图 1-26 为岩心 R4-4、R4-5、R4-6 的渗吸采出程度随时间关系曲线。在该级别渗透率范围内，岩心渗透率越低，最终渗吸采出程度越低。其岩心渗透率分别为 $0.474 \times 10^{-3}\,\mu m^2$、$0.363 \times 10^{-3}\,\mu m^2$ 和 $0.278 \times 10^{-3}\,\mu m^2$，最终所对应的动态渗吸采出程度分别为 22.4%、20.7% 和 19.7%。该组实验说明在渗透率略大时，致密岩心最终的动态渗吸采出程度随着渗透率的增加而有所增加。

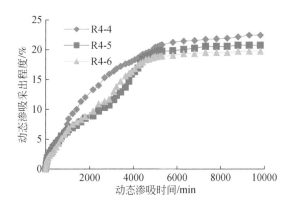

图 1-26　渗透率在 $0.1 \times 10^{-3} \sim 0.5 \times 10^{-3}\,\mu m^2$ 的致密岩心的动态渗吸采出程度

岩石内部的孔隙结构是一个错综复杂、互相影响的整体，应综合考虑岩心孔隙度、孔隙结构等基础物性进行研究，故引入储层品质指数（RQI）。储层品质指数是目前储层分类评价过程中常常用到的数值，其值为 $\sqrt{\dfrac{K}{\phi}}$（张程恩等，2012）。如图 1-27 所示，动态渗吸采出程度随 RQI 的增大而增大。这说明，RQI 可以更好地体现出岩心的孔隙品质。当 RQI 较高时，岩心在渗透率、孔隙半径、孔隙迂曲度等方面的综合特性较好（姚约东等，2001）。

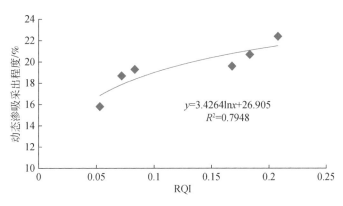

图 1-27　RQI 与岩心动态渗吸采出程度关系

2. 温度对致密油储层动态渗吸的影响

选取物性相近的致密岩心 2-3、2-4、2-5，分别在 75℃、50℃ 和 25℃ 下开展动态渗吸实验温度对动态渗吸采出程度的影响研究，结果如图 1-28 所示。

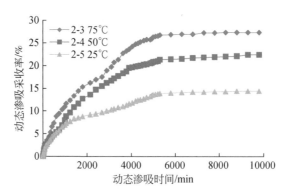

图 1-28 不同温度下的动态渗吸采出程度实验结果

温度对渗吸的影响主要是改变原油黏度以及原油的膨胀性等。因岩石、地层水、原油受热膨胀系数不同，改变相同温度，原油体积变化最大，增加的体积使原油离开岩石表面向外运动；温度升高，原油中活性成分受热分解，胶体层厚度减小，有效增加了孔隙中液体的流动断面，为渗吸的发生提供有利的条件。

3. 岩心长度对致密油储层动态渗吸的影响

为了能够定量化研究裂缝发育程度对动态渗吸作用的影响，选取三块物性相近的人造岩心，将同一块岩心分为两段，使其长度比分别约为 1∶2、1∶3、1∶4，进行了三组实验。实验结果如图 1-29 中的三组曲线所示。

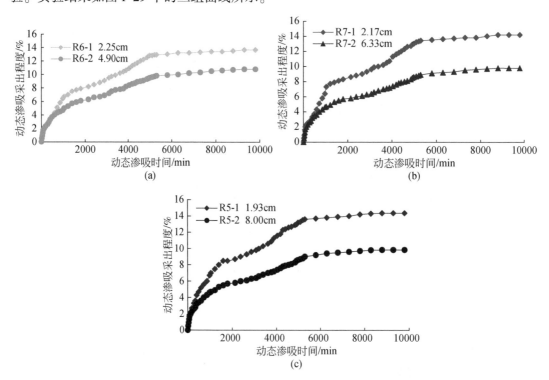

图 1-29 不同岩心长度比下的动态渗吸采出程度对比图

（a）岩心长度比约为 1∶2；（b）岩心长度比约为 1∶3；（c）岩心长度比约为 1∶4

为进一步研究规律，以岩心长度为横坐标，以动态渗吸采出程度为纵坐标绘制曲线，如图 1-30 所示。

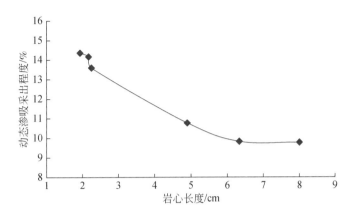

图 1-30　岩心长度与动态渗吸采出程度关系曲线

致密岩心动态渗吸采出程度与岩心长度呈负相关关系，即岩心长度越短，动态渗吸采出程度越高，动态渗吸初期采出程度增加越快，渗吸达到平衡所需时间越短。实验所用岩心的长短代表了地层中基质块的大小，即裂缝发育程度。从实验结果可以看出，致密油储层中裂缝发育越完善，岩层内裂缝越多，越有利于致密油储层发生动态渗吸作用。

4. 压力对致密油储层动态渗吸的影响

常温 25℃ 下，分别设定实验压力为 0.1MPa、2.5MPa、5MPa、7.5MPa、10MPa、12.5MPa、15MPa 进行动态渗吸实验，实验组采用不同渗透率的致密岩心。将 R7-3、1-3、1-4 三块岩心在不同压力下的最终动态渗吸采出程度进行对比。

由图 1-31 可见，对液体施加压力能够促进渗吸的进行，当压力范围在 5~7MPa 时，动态渗吸采出程度最大。随着压力继续增加，动态渗吸采出程度基本不再变化。这说明在中低压力下，岩心受到压敏效应影响较大，渗透率降低范围大，一定程度上增加了渗吸的

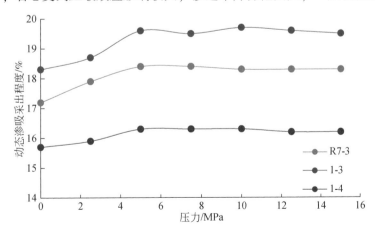

图 1-31　动态渗吸采出程度与压力的关系曲线

动力毛管力（崔鹏兴等，2017）。此外，对于致密岩心，岩心渗透率越大，压力对动态渗吸采出程度的影响也越明显。岩心 1-3 的渗透率为 $0.378×10^{-3}\,\mu m^2$，动态渗吸采出程度最大增幅为 1.4%；岩心 1-4 的渗透率为 $0.107×10^{-3}\,\mu m^2$，动态渗吸采出程度最大增幅为 1.2%；岩心 R7-3 的渗透率为 $0.097×10^{-3}\,\mu m^2$，动态渗吸采出程度最大增幅为 0.6%。

5. 裂缝对致密油储层动态渗吸的影响

为了模拟裂缝密度的影响，采用 XB-Q 型轻便岩石切割机，在单块长方形岩心（渗透率为 $0.9×10^{-3}\,\mu m^2$）上切割宽度为 1mm 的裂缝，裂缝不完全贯穿岩心，以保证岩心的整体性。将四块尺寸为 2cm×2cm×5cm 的岩心，分别处理为无缝、一条缝、两条缝和四条缝的条件（对应的裂缝密度分别为无缝、0.2 条/cm、0.4 条/cm 和 0.8 条/cm），进行渗吸实验对比。

实验结果如图 1-32 所示，动态渗吸采出程度随裂缝条数的增加而增加。从曲线的变化可以看出，动态渗吸采出程度的增加幅度与裂缝条数基本呈线性关系。裂缝可以为渗吸的发生提供更多的通道，外界流体的流动可以及时将从大孔道渗吸置换出的油挟带走，提高渗吸作用（谢坤等，2017）。另外，单位体积致密岩心裂缝越多，岩心内各小岩块的体积越小，油滴渗吸的过流面积也越小，可以降低渗吸阻力（Pooladidarvish and Firoozabadi，1996），提高渗吸效率。对于裂缝性油藏，裂缝越发育，越有利于渗吸作用（蔡建超等，2013）。

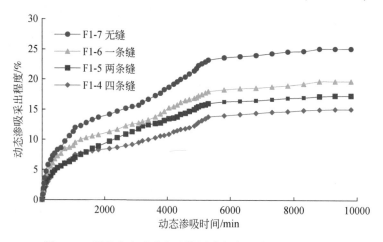

图 1-32 裂缝密度对致密油储层动态渗吸采出程度的影响

1.3.4 基于核磁共振技术的致密油储层渗吸规律研究

相比传统研究手段，采用核磁共振成像分析系统能够更准确、更直观地得到岩心内部流体分布信息（周德胜等，2018）。利用核磁共振实验的可视化（王振华等，2014）、监测速度快、无损检测、计量准确等特点，以及可监测岩心静态渗吸过程中油水的饱和度分布，得出弛豫时间 T_2 谱和成像图（白松涛等，2016），从而分析各因素对静态渗吸的影响，得到岩心中的静态渗吸现象和机理（Prather et al.，2016）。

实验方法建立如下：

（1）将岩心切割、洗油，准备好备用；

（2）测量各岩心的参数，包括岩心长度、直径、气测渗透率、孔隙度、干重等；

（3）将岩心放在 AniMR-150 核磁共振成像分析仪中，收集核磁共振信号，并利用相关软件进行处理，获取岩心内部孔隙结构；

（4）从二维核磁共振仪中取出岩心，将岩心抽真空 4 ~ 8h，然后高压饱和煤油，老化 24h；

（5）取出岩心，擦去岩心表面的浮油，称湿重，然后放入二维核磁共振仪中，收集核磁共振信号并利用相关软件进行处理，通过弛豫谱图分析原油在孔隙中的分布；

（6）将地层水抽真空 3 ~ 4h，将饱和油的岩心放入地层水中，进行静态渗吸实验，不断监测渗吸过程中的质量变化情况；

（7）4h 后取出岩心，放入二维核磁共振仪中进行成像，获取油、水在地层中的分布情况；

（8）重复（6）和（7）操作，直至岩心静态渗吸实验结束。

表 1-8 中的三块致密岩心全部被分成长度约 4cm 的块体，分别进行了渗透率对渗吸效果的影响研究。图 1-33 为岩心 R1-1、R2-1、R3-1 的静态渗吸采出程度随时间关系曲线。岩心 R1-1 的渗透率为 $1.756 \times 10^{-3} \mu m^2$，最终静态渗吸采出程度为 17.9%；R2-1 的渗透率为 $0.798 \times 10^{-3} \mu m^2$，最终静态渗吸采出程度为 28.2%；R3-1 的渗透率为 $6.892 \times 10^{-3} \mu m^2$，最终静态渗吸采出程度为 20.6%。可以看出 R3-1 的渗透率最大，但是静态渗吸采出程度并不是最大。致密岩心渗透率仅仅是综合衡量岩心内部孔隙结构的指标之一，静态渗吸采出程度与渗透率之间的相关性比较差。

表 1-8　渗透率组实验岩心数据表

样品	长度/cm	直径/cm	重量/g	孔隙度/%	渗透率/$10^{-3} \mu m^2$
R1-1	4	2.517	72.016	11.04	1.756
R2-1	4	2.519	75.277	10.177	0.798
R3-1	4	2.522	68.222	17.321	6.892

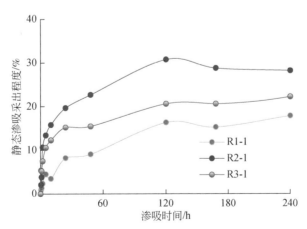

图 1-33　不同渗透率致密岩心静态渗吸采出程度曲线

图 1-34 中三个图分别为三块 4cm 长岩心的 T_2 谱图，图 1-35 为岩心 R1-1 不同渗吸时刻的成像图，可以直观看出随着渗吸过程的进行，岩心中流体饱和度的变化，进一步获取了渗吸过程流体的微观流动规律。润湿相首先进入小孔道，非润湿相从大孔道排出，因此，前期小孔道的含油饱和度减小明显；而后期，润湿相逐渐进入更大的孔道，减小了大孔道的含油饱和度。

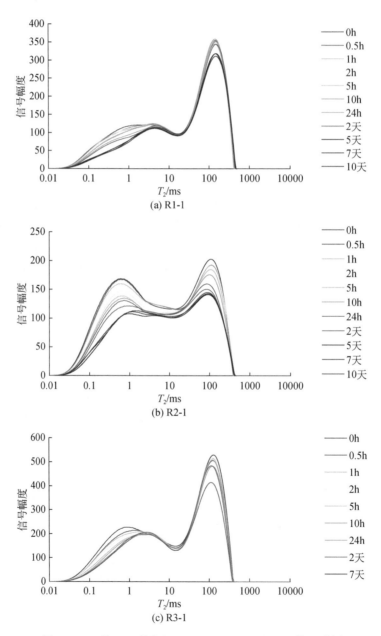

图 1-34　三块 4cm 长岩心（R1-1、R2-1、R3-1）的 T_2 谱图

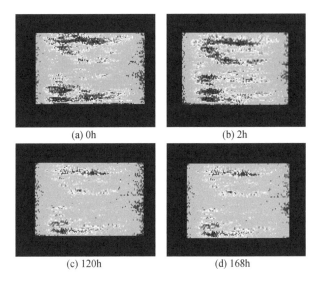

(a) 0h　　　　　　　　　　(b) 2h

(c) 120h　　　　　　　　　(d) 168h

图 1-35　岩心 R1-1 不同渗吸时刻的成像图

红色代表油相，绿色代表水相

1.3.5　利用数学模型研究致密油渗吸排油机理

建立球棍网络数学模型，模拟不同岩心尺寸孔喉分布，利用新建模型进行自发渗吸仿真模拟，获取自发渗吸过程流体在多孔介质中的流动规律。球棍网络数学模型由球体和圆棍组成，球体代表多孔介质中的孔道，半径大小代表孔道大小；圆棍代表多孔介质中的喉道，线条粗细代表喉道大小。在仿真模拟中，运用 MATLAB 软件随机产生孔道尺寸，并令孔道尺寸分布满足高斯分布。球棍网络数学模型如图 1-36 所示。

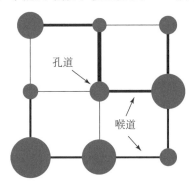

孔道

喉道

图 1-36　球棍网络数学模型示意图

在仿真模拟中，运用 MATLAB 软件随机产生孔道尺寸，并令孔道尺寸分布满足高斯分布，平均孔道半径为 $100\mu m$，偏差为 $30\mu m$，且满足 $10\mu m<r_{孔道}<200\mu m$；喉道尺寸分布同样满足高斯分布，平均喉道半径为 $3\mu m$，偏差为 $0.5\mu m$，且满足 $0.2\mu m<r_{喉道}<6\mu m$。利用仿真模拟，得到不同时间下球棍网络数学模型中流体的定量分布，如图 1-37 所示，分析孔道的含水饱和度分布，可知润湿相流体首先进入小孔道，初期大孔道含水饱和度基本不

发生变化，随着时间的推移，润湿相流体逐渐进入较大孔道。

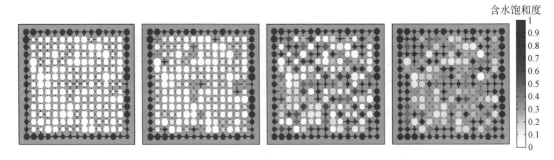

图 1-37　不同时刻含水饱和度分布图

通过模型计算得到了不同标准偏差和喉道长度下的渗吸采出程度与时间关系。由图 1-38 和图 1-39 可见，相同孔道平均尺寸条件下，标准偏差越小（即孔道分布越集中），自发渗吸采出程度越高；孔道分布越分散，自发渗吸采出程度越低；相邻两个孔道发生渗吸的传质现象，只能依赖喉道的运输，连接两个孔道的喉道距离越长，迂曲度越大，越不利于自发渗吸。

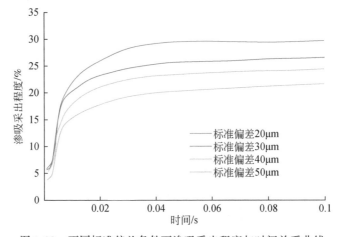

图 1-38　不同标准偏差条件下渗吸采出程度与时间关系曲线

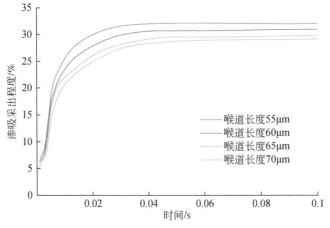

图 1-39　不同喉道长度下渗吸采出程度与时间关系曲线

1.4　小　　结

（1）致密油弹性排驱实验表明，弹性排驱效率受多种因素影响，①弹性降压幅度（压差）是第一影响因素，弹性排驱效率与弹性降压幅度呈正相关关系，开采后期弹性能量下降需及时补充能量；②裂缝密度是第二影响因素，人工裂缝密度越大，弹性排驱效率越高，现场可通过新型压裂工艺加大裂缝密度；③流度是第三影响因素，随流度增大，弹性排驱效率递增，可通过甜点、有利选区获得较好的弹性排驱效率。

（2）弹性排驱效率还与原油气油比、降压方式、降压速率有关。含气原油排驱效率高于脱气原油排驱效率（在饱和压力以上范围内），因为含气原油的弹性能高于脱气原油，这启示注气有利于补充弹性能；连续降压开采方式下的排驱效果要普遍优于间歇降压。因此，可采用"升压扩孔""渗吸排驱""吞吐排驱"等综合方法提高弹性排驱效率。

（3）致密油储层的渗吸采出程度与渗透率之间的相关性比较差，与储层品质指数的相关性较好。此外，基质块尺寸越小，裂缝密度越大，以及地层温度和压力的提高，都有利于提高渗吸效果。

（4）建立了模拟微观渗吸过程的球棍网络数学模型，得到不同时间下球棍网络数学模型中流体的定量分布，分析表明润湿相流体首先进入小孔道，初期大孔道含水饱和度基本不发生变化，随着时间的推移，润湿相流体逐渐进入较大孔道；相同孔道平均尺寸条件下，孔道分布越集中，自发渗吸采出程度越高；相邻两个孔道发生渗吸的传质现象，只能依赖喉道的运输，连接两个孔道的喉道距离越长，迂曲度越大，越不利于自发渗吸。

参 考 文 献

白松涛，程道解，万金彬，等. 2016. 砂岩岩石核磁共振 T_2 谱定量表征. 石油学报，37（3）：382-391.

蔡建超，郭士礼，游利军，等. 2013. 裂缝–孔隙型双重介质油藏渗吸机理的分形分析. 物理学报，62（1）：228-232.

崔鹏兴，刘双双，党海龙. 2017. 低渗透油藏渗吸作用及其影响因素研究. 非常规油气，4（1）：88-94.

贾承造，邹才能，李建忠，等. 2012. 中国致密油评价标准、主要类型、基本特征及资源前景. 石油学报，33（3）：343-350.

李士奎，刘卫东，张海琴，等. 2007. 低渗透油藏自发渗吸驱油实验研究. 石油学报，28（2）：109-112.

马铨峥，杨胜来，吕道平，等. 2016. 致密储层弹性采收率规律及影响因素研究——以新疆吉木萨尔盆地芦草沟组为例. 科学技术与工程，16（27）：147-151.

马小明，陈俊宇，唐海，等. 2008. 低渗裂缝性油藏渗吸注水实验研究. 大庆石油地质与开发，27（6）：64-68.

濮御，王秀宇，濮玲. 2016. 静态渗吸对致密油开采效果的影响及其应用. 石油化工高等学校学报，29（3）：23-27.

王家禄，刘玉章，陈茂谦，等. 2009. 低渗透油藏裂缝动态渗吸机理实验研究. 石油勘探与开发，36（1）：86-90.

王敉邦，蒋林宏，包建银，等. 2015. 渗吸实验描述与方法适用性评价. 石油化工应用，34（12）：102-105.

王振华, 陈刚, 李书恒, 等. 2014. 核磁共振岩心实验分析在低孔渗储层评价中的应用. 石油实验地质, 36 (6): 773-779.

魏铭江, 唐海, 吕栋梁. 2015. 不同水淹速度下的渗吸实验研究. 石油化工应用, 34 (3): 20-23.

谢坤, 韩大伟, 卢祥国, 等. 2017. 高温低渗油藏表面活性剂裂缝动态渗吸研究. 油藏评价与开发, 6 (7): 39-43.

姚约东, 葛家理, 魏俊之. 2001. 低渗透油层渗流规律的研究. 石油钻探技术, 28 (4): 73-75.

张程恩, 潘保芝, 刘茜茹. 2012. 储层品质因子 RQI 结合聚类算法进行储层分类评价研究. 国外测井技术, 33 (4): 11-13.

赵政璋, 杜金虎. 2012. 非常规油气资源现实的勘探开发领域: 致密油气. 北京: 石油工业出版社: 6-13.

周德胜, 师煜涵, 李鸣, 等. 2018. 基于核磁共振实验研究致密砂岩渗吸特征. 西安石油大学学报 (自然科学版), 33 (2): 51-57.

朱维耀, 鞠岩, 杨正明, 等. 2002. 低渗透裂缝性油藏多孔介质渗吸机理研究. 石油学报, 23 (6): 112-119.

Cueice L, Bourbiaux B, Kalaydjian F. 1994. Oil recovery by imbibition in low-permeability chalk. Society of Petroleum Engineers Formation Evaluation, 9 (3): 200-208.

Li K W, Horne R N. 2004. An analytical scaling method for spontaneous imbibition in gas/water/rock systems. Society of Petroleum Engineers Journal, 9 (3): 322-329.

Ma S X, Zhang X, Morrow N R. 1996. Experimental verification of a modified scaling group for spontaneous imbibition. Society of Petroleum Engineers Reservoir Engineering, 11 (4): 280-285.

Mason G, Fernø M A, Haugen A, et al. 2012. Spontaneous counter-current imbibition outwards from a hemispherical depression. Journal of Petroleum Science and Engineering, 90: 131-138.

Pooladidarvish M, Firoozabadi A. 1996. Water injection in fractured/layered porous media: co-current and counter-current imbibition in a water-wet matrix block. Palo Alto: Reservoir Engineering Research Institute.

Prather C A, Bray J M, Seymour J D, et al. 2016. NMR study comparing capillary trapping in Berea sandstone of air, carbon dioxide, and supercritical carbon dioxide after imbibition of water. Water Resources Research, 52 (2): 147-152.

Rapoport L A. 1955. Scaling laws for use in design and operation of water-oil flow models. Transaction of American Institute of Mining, Metallurgical, and Petroleum Engineers, 204: 143-150.

Rezaveisi M, Ayatollahi S, Rostami B. 2012. Experimental investigation of matrix wettability effects on water imbibition in fractured artificial porous media. Journal of Petroleum Science and Engineering, 86: 165-171.

Schechter D S, Zhou D, Orr F M, et al. 1991. Capillary imbibition and gravity segregation in low IFT systems. Society of Petroleum Engineers, 22594: 6-9.

Schmid K S, Geiger S. 2013. Universal scaling of spontaneous imbibition for arbitrary petrophysical properties: water-wet and mixed-wet states and Handy's conjecture. Journal of Petroleum Science and Engineering, 101: 44-61.

Zhang X, Morrow N R, Ma S. 1996. Experimental verification of a modified scaling group for spontaneous imbibition. Society of Petroleum Engineers, 11 (4): 280-285.

Zhou D, Jia L, Kamath J, et al. 2002. Scaling of counter-current imbibition processes in low-permeability porous media. Journal of Petroleum Science and Engineering, 33 (1): 61-74.

第 2 章　致密油储层 CO_2 增能排驱机理研究

随着全球环保意识的不断提高，CO_2 的减排与处理逐步成为热门技术。将其应用于油田生产并进行地质埋存，是减少大气 CO_2 浓度合理而有效的手段，也是近年来环境学科与石油开发学科的研究热点（Fernø et al., 2015；Kong et al., 2016）。CO_2 溶于原油后，能够使原油体积膨胀，并有效减小原油黏度和油水间界面张力，大幅提高原油采收率（Li and Yang，2015），是理想的注入流体。注 CO_2 提高原油采收率技术发展至今已有 50 多年的历史，目前已经得到了广泛的工业应用（Mungan，1981）。对于低渗、致密油藏，注水开发难度较大，注 CO_2 开采是更有效的提高采收率方法（Rock and Bryan，1989）。根据 *Oil and Gas Journal* 杂志的 2012 年全球提高原油采收率（enhanced oil recovery，EOR）调查结果显示，在全球 EOR 项目中，气驱项目数量占 54%，而 CO_2 相关项目数量占到气驱项目的 77%，已成为最为重要的提高原油采收率技术之一。因此对 CO_2-EOR 技术进行深入研究，明确其开发效果与提高采收率机理，对于致密油储层的开发显得尤为重要（Li et al., 2016；Li and Gu，2014；Lydonrochelle，2009；Pu et al., 2016）。

本章针对国内陆相致密油黏度高、渗流阻力大、压力传导能力差、原油启动困难等问题，开展超临界 CO_2 排驱效率和排驱机理研究，阐明 CO_2 在致密孔隙中的扩散传质特性，揭示 CO_2 与地层流体矿物的相互作用机制，明确致密油储层注 CO_2 吞吐的主控因素，初步建立致密油储层注 CO_2 吞吐排驱模式，为致密油开发提供理论依据。

2.1　储层致密油物性

实验油样取自新疆某区块的致密油藏，该油样在常温下测得的脱气密度为 0.8922g/mL，采用 MCR302 高温高压流变仪测定该油样的黏度–温度曲线、黏度–剪切速率曲线如图 2-1 所示，从中可以发现，致密油黏度对温度和剪切速率反应敏感，常温下致密油黏度约为 160mPa·s，油藏温度下（75℃），致密油的黏度迅速下降，黏度降低至 20mPa·s。因此，注 CO_2 后，油藏中的原油会与 CO_2 混相，黏度会进一步下降，有利于致密油藏的开采。

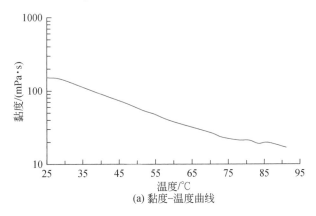

(a) 黏度–温度曲线

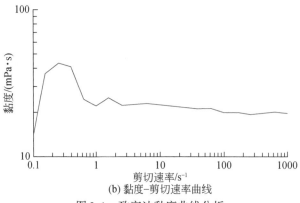

(b) 黏度-剪切速率曲线

图 2-1　致密油黏度曲线分析

　　图 2-2 为致密油的碳数分布（美国 7890GC 色谱仪）和其地层气体组成，可以发现致密油的重质组分含量较高，说明其沥青质含量较高，注 CO_2 可能会导致沥青质沉积，对储层孔喉有一定影响。

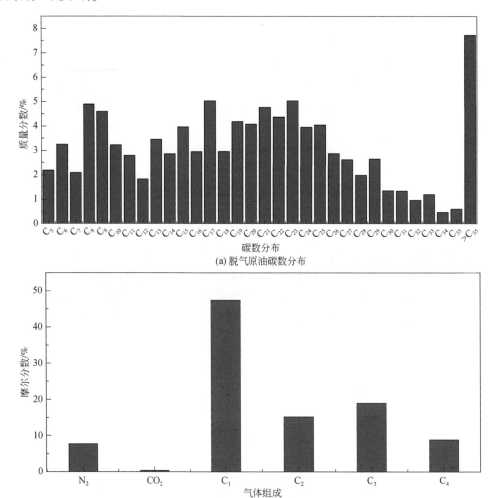

(a) 脱气原油碳数分布

(b) 地层气体组成

图 2-2　致密油组成分析

2.2　CO_2 –原油–储层岩石相互作用

2.2.1　注 CO_2 对致密油物性影响研究

采用配样筒将脱气原油按 17：1 的气油比配置为含气原油注入 PVT 反应筒中，然后在地层条件下（35MPa，75℃）注入不同摩尔分数的 CO_2，分析 CO_2 对致密油高压物性的影响，实验数据见表 2-1 和图 2-3。

表 2-1　不同 CO_2 对原油高压物性参数影响实验测试数据

CO_2摩尔分数/%	CO_2注入温度/℃	CO_2注入压力/MPa	CO_2总注入量/mL	溶解气油比/（m^3/m^3）	泡点压力/MPa	地层条件下含气原油密度/（g/cm^3）	地层条件下含气原油体积系数	地层条件下含气原油黏度/（$mPa \cdot s$）	泡点处界面张力/（mN/m）
0.00	—	—	0	16.89	2.797	0.8746	1.045	4.2295	4.054
0.05	25.0	2.276	8.77	19.80	2.998	0.8731	1.053	2.9669	3.936
0.15	25.2	2.276	26.97	25.65	3.347	0.8697	1.069	1.8991	3.585
0.25	25.1	2.276	47.08	32.10	3.715	0.8665	1.086	1.4690	3.111
0.35	24.8	2.276	67.24	38.60	4.080	0.8636	1.103	1.2605	2.539
0.40	24.7	2.276	77.03	41.80	4.255	0.8631	1.111	1.1978	2.131

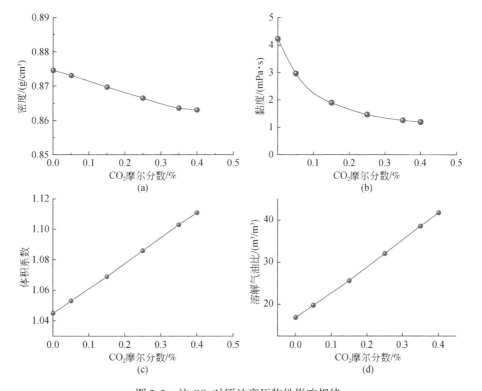

图 2-3　注 CO_2 对原油高压物性影响规律

从图 2-3 中可以看出，CO_2 的摩尔分数对含气原油的密度、体积系数、黏度和溶解气油比均影响明显，其中体积系数和溶解气油比随着 CO_2 摩尔分数的升高呈现出近乎线性的增加关系。由表 2-1 可知，泡点处界面张力在逐渐降低。随着注 CO_2 浓度的增加，致密油的黏度和密度均下降，但随后趋于平缓，黏度变化符合指数递减规律，这是因为溶于原油中的 CO_2 含量升高，溶解度趋于饱和状态（Tharanivasan *et al.*, 2006）。因此，超临界 CO_2 对原油物性的影响规律表明，注 CO_2 可以改善原油物性，有利于致密油藏的开采（Du，2016）。

2.2.2　注 CO_2 致沥青质沉积静态实验

注 CO_2 致沥青质沉积静态实验装置如图 2-4 所示，实验流程如下：

（1）将 CO_2 注入中间容器并加热到地层温度，将油样注入可搅拌高温高压反应釜中加热到地层温度；

（2）将不同摩尔分数的 CO_2 注入反应釜中，在指定的温度压力下混样搅拌一天，静置一天；

（3）改变压力重复（2）；

（4）静置后打开反应釜取上层油样进行四组分分离，观察沥青质组分含量变化；

（5）采用扫描电子显微镜观察沥青质微观结构并进行分析。

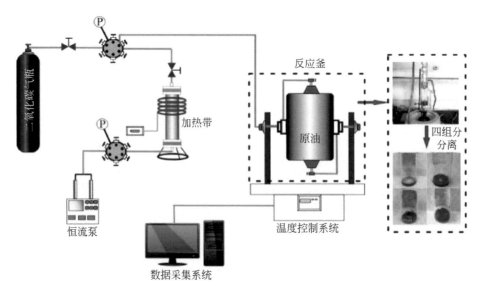

图 2-4　实验流程图

1. 致密油沥青质注 CO_2 前后微观结构变化分析

本实验采用四组分分离方法《石油沥青四组分测定法》（NB/SH/T 0509-2010）对致密油样进行四组分分离。四组分占比如图 2-5 所示，胶质含量要远多于沥青质含量，而胶质含量与沥青质含量的多少决定了原油体系性质。沥青质以一种分散胶体的形式存在于原油中，沥青质分子团是胶束的核心，外围包覆着胶质分子，构成胶束分散于原油体系中（Simant and Mehrotra，2004）。致密油四组分样品如图 2-6 所示，可以发现原油中的沥青质含量为 5% 左右。

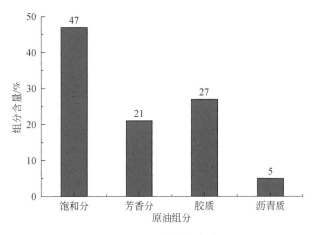

图 2-5　四组分分离实验

(a) 饱和分　　　　　(b) 芳香分　　　　　(c) 胶质　　　　　(d) 沥青质

图 2-6　四组分样品图

对分离出的沥青质用扫描电子显微镜观察其微观结构，分析注 CO_2 前后沥青质的结构变化，致密油注 CO_2 前，其沥青质微观结构显示出粗糙不平的表面结构，如图 2-7 所示，这是因为沥青质本身为组成复杂的混合物，各组分在析出时对溶剂的溶解性不同，沉淀析出的方式和沉淀速率存在较大差异，较软的胶质组分沉淀速率快，正庚烷沥青质沉淀速率慢，这些差异容易导致粗糙表面的形成；同时，沥青质片层尺寸较大且堆积紧密，胶质分子颗粒较小，因此会出现因沉淀速率不同而生成的断层孔隙（Luo et al.，2007）。注 CO_2 后，CO_2 分子占据沥青质分子团表面，使包覆沥青质的胶质浓度相对减少，导致沥青质进一步互相缔合形成更大的分子团，这些分子团大多以尺寸较大的片层存在，又由于小颗粒的胶质含量较少，沉淀速率趋于一致，沥青质片层大多平整光滑，没有出现因沉淀速率不同而生成的断层孔隙。

2. 注 CO_2 过程中沥青质沉积规律研究和模型建立

注 CO_2 后，大量的 CO_2 分子会占据沥青质分子团表面空间，致使胶质浓度相对减少，

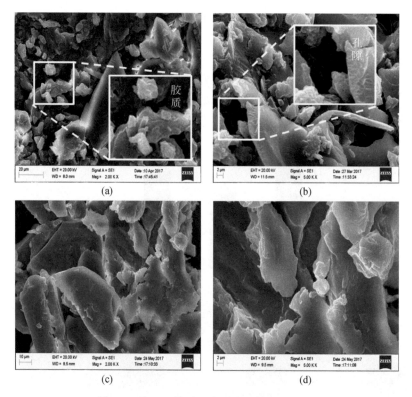

图 2-7　注 CO_2 前后沥青质微观结构对比图

（a）和（b）是注入前，（c）和（d）是注入后

无法形成胶束或者胶束的溶剂化层厚度不够，就会使沥青质进一步絮凝沉积。从图 2-8 可以看出，致密油沥青质的沉积对 CO_2 浓度反应敏感，而随着 CO_2 的摩尔分数增加，致密油沥青质的沉积量对压力变化也变得更加敏感，压力在 25MPa 左右时，致密油的沥青质相对沉积量（即注 CO_2 后导致沉积的沥青质含量占原油中含有的沥青质总量的比例）达到最大，随着压力升高，沥青质的沉积趋势增强，超过一定压力后（约 25MPa）沥青质的沉积量开始减少，趋势减弱。

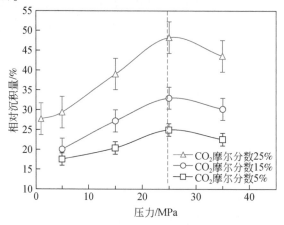

图 2-8　注 CO_2 摩尔分数致沥青质沉积影响规律

原油的温度、压力和 CO_2 含量的改变均会引起沥青质发生絮凝和沉积，沥青质沉积热力学预测模型可以更加直观、方便地确定沥青质的沉积条件。模型建立步骤如图 2-9 所示。

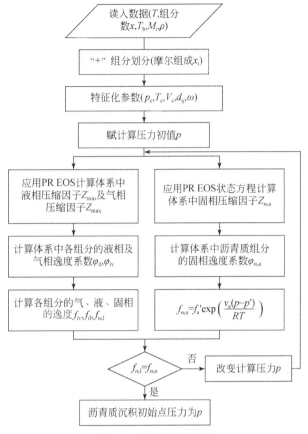

图 2-9　模型建立步骤

T 为温度；M_i 为相对分子质量；ρ 为密度；T_b 油藏地层温度；p_c、T_c、V_c 分别为临界状态下的压力、温度、摩尔体积；ω 为偏心因子；d_{ij} 为第 i 个组分、j 个组分的相互影响系数。PR EOS 为 Peng 和 Robinson 提出的双常数三次方程 PR 状态方程（equation of state，EOS）

在致密油藏开发过程中，注 CO_2 可以有效改善致密油物性，但随着压力增加和 CO_2 浓度的升高，沥青质的相对沉积量也会加大，伤害储层孔喉，流动空间减小，流动阻力增加。由实验可知，当压力达到 25MPa 时，沥青质的相对沉积量最大，在地层压力条件下，沥青质的相对沉积量较 25MPa 时要少，并且注入少量 CO_2 即可有效地降低致密油黏度，并控制沥青质的沉积。因此致密油藏注 CO_2 开发具有一定的可行性。

2.2.3　致密油储层静态溶蚀过程研究

1. CO_2 与地层水的相互作用机制研究

本实验采用排水集气法研究 CO_2 在地层水中的溶解度，实验温度为 75℃，地层水取自新疆油田，离子组分全分析见表 2-2。地层水总矿化度约为 29776.2mg/L，水样中二价金属离子含量较低，属于 $NaHCO_3$ 水型，pH 为 8~9，密度约为 $1.0561g/cm^3$。实验装置如图 2-10 所示。

表 2-2　地层水离子组成

阳离子/(mg/L)					阴离子/(mg/L)		
Na^+	K^+	Mg^{2+}	Ca^{2+}	Fe^{3+}	Cl^-	HCO_3^-	SO_4^{2-}
9054	522	12.2	26.1	108.3	5880	14174.2	271.7

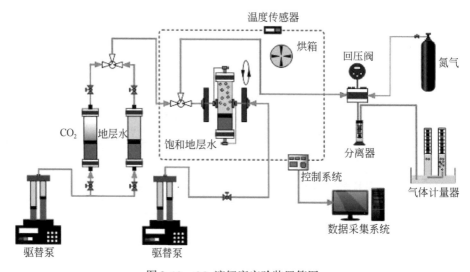

图 2-10　CO_2 溶解度实验装置简图

实验过程如下所示：

（1）将地层水注入高温高压反应釜中并加热到 75℃；

（2）将 CO_2 注入反应釜中，通过驱替泵分别加压至 2.6MPa、4.0MPa、9.1MPa、10.5MPa、12.7MPa、21.6MPa 和 32.8MPa，旋转反应釜使 CO_2 在地层水中充分溶解；

（3）饱和 48h 后通过驱替泵将反应釜内未溶解的 CO_2 排出；

（4）通过驱替泵恒压缓慢将饱和地层水排出反应釜，记录 pH 仪的数值、量筒内液体的体积和水槽中 CO_2 体积。实验结果如图 2-11 所示。

实验结果表明，初期 CO_2 在地层水中的溶解度随压力增加而迅速变大，当压力达到 12.7MPa 后，CO_2 溶解度随着压力增加变化较小，基本饱和，最大溶解度约为 0.95mol/kg，溶液 pH 趋于稳定，约为 4.0。反应中没有沉淀出现，分析认为 CO_2 溶解在地层水中后，生成的 CO_3^{2-} 会与钙镁离子生成 $CaCO_3$、$MgCO_3$ 沉淀，但 CO_2 在 $NaHCO_3$ 型水溶液中主要以 HCO_3^- 存在，且压力较高时，CO_2 在溶液中主要以 H_2CO_3 和 HCO_3^- 形式存在，导致 CO_3^{2-} 含量较低，且地层水中二价金属离子含量较低，因此反应后未生成沉淀。

2. 致密油储层溶蚀机理研究

静态溶蚀实验装置简图如图 2-12 所示，实验过程具体如下：

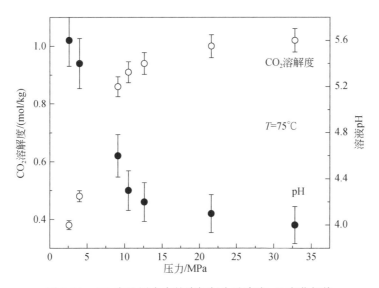

图 2-11　CO_2 在地层水中的溶解行为及溶液 pH 变化规律

（1）实验前将岩心片烘干称重，然后放入反应釜内，注入地层水，并将体系升温至 75℃；

（2）注入 CO_2，通过驱替泵将体系加压至 32.0MPa；

（3）转动反应釜，分别反应 24h、48h、96h 和 168h；

（4）实验结束后，取出岩心片，清洗烘干称重，收集反应后的地层水；

（5）进行岩心片接触角测试实验。

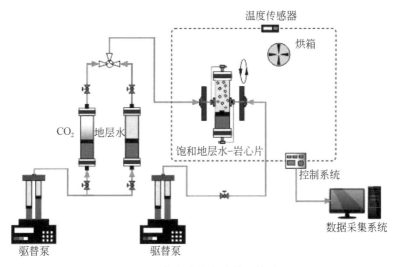

图 2-12　静态溶蚀实验装置简图

实验结果表明，随着反应时间的增加，CO_2 溶蚀作用越强，岩心质量损失越多，最后趋于稳定，如图 2-13 所示。实验结束后岩心片表面颜色变化如图 2-14 所示。

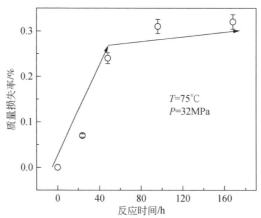

图 2-13　岩心片质量损失率与反应时间的关系

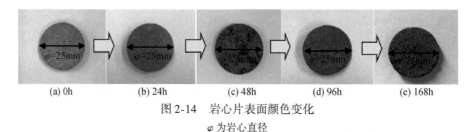

　　(a) 0h　　　　(b) 24h　　　　(c) 48h　　　　(d) 96h　　　　(e) 168h

图 2-14　岩心片表面颜色变化

φ 为岩心直径

　　实验结束后地层水呈红褐色，静置 2h 后，量筒底部出现砖红色沉淀物，如图 2-15 所示。

　　　　　稳定 2h　　　　　　　　　　　　　过滤后稳定 48h

图 2-15　实验结束后地层水颜色变化

从 a ~ e 分别为反应 0h、24h、48h、96h、168h

　　对沉淀物进行 SEM-EDS[①] 分析，结果如图 2-16 所示，沉淀物 SEM 结果显示，沉淀物主要为规则状的颗粒，或多种矿物相互胶结，EDS 分析结果显示，颗粒中铁、氧、碳元素含量较高，根据相关文献报道，这些颗粒主要为氧化铁、铁白云石以及一些其他黏土矿物的混合物（Rutqvist，2012）。

　　实验结束后，对地层水中的离子成分及含量进行分析，结果如图 2-17 所示。

　　实验结果表明，溶液中钾离子、钠离子含量显著上升，这是因为溶蚀过程中主要是钾

——————————

　　① 扫描电子显微镜（scanning electron microscope，SEM）；X 射线能量色散谱（X-ray energy dispersive spectrum，EDS）。

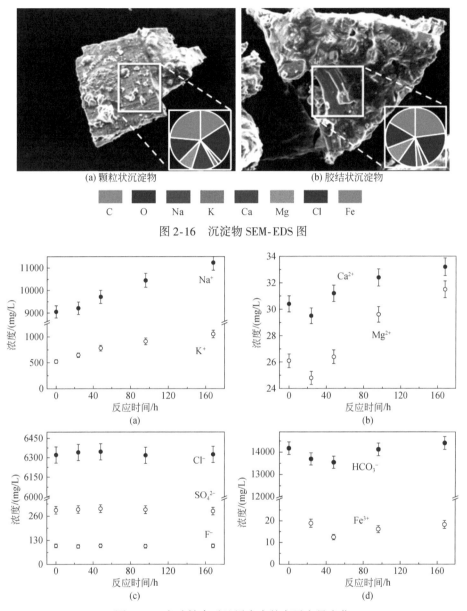

(a) 颗粒状沉淀物　　　　　　　　　　　(b) 胶结状沉淀物

　　C　　O　　Na　　K　　Ca　　Mg　　Cl　　Fe

图 2-16　沉淀物 SEM-EDS 图

图 2-17　实验结束后地层水中的离子含量变化

长石和钠长石发生反应，生成的钾离子、钠离子进入溶液中，反应式如下：

$$2KAlSi_3O_8 + 9H_2O + 2H^+ \longrightarrow 2K^+ + 2Al_2Si_2O_5(OH)_4 + 4H_4SiO_4$$

$$2NaAlSi_3O_8 + H_2O + CO_2 \longrightarrow 2Na^+ + 2Al_2Si_2O_5(OH)_4 + 4SiO_2$$

氯离子、氟离子、硫酸根离子几乎不参与溶蚀反应，含量基本不变，钙离子、镁离子含量略微增加，可能为铁白云石或者方解石的溶解所致。铁离子和碳酸氢根离子含量呈相似的变化规律，先减小然后增加，原因是溶蚀反应开始后，含铁矿物被溶蚀，铁离子进入溶液中，与溶液中的 HCO_3^- 反应，生成 $FeCO_3$ 沉淀，随着更多的 CO_2 溶解到地层水中，$FeCO_3$ 又会生成 $Fe(HCO_3)_2$，反应式如下：

$$Fe^{2+}+2HCO_3^- \longrightarrow FeCO_3 \downarrow +H_2O+CO_2$$
$$FeCO_3+CO_2+H_2O \longrightarrow 2Fe(HCO_3)_2$$

3. 岩石表面物性规律研究

实验结束后，将烘干的岩心进行接触角 θ 测定，实验结果如图 2-18 所示。

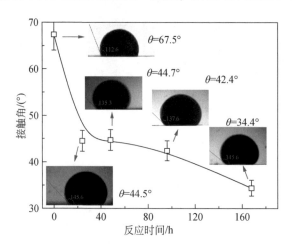

图 2-18　岩心表面接触角随反应时间的变化规律

从图 2-18 可以看出，岩心表面接触角随着反应时间的增加而变小，即岩石表面润湿性逐渐向亲水性转变，分析认为存在以下两点原因，一是随着溶蚀反应的不断进行，岩石表面的长石类矿物逐渐被溶蚀，亲水性的石英不断被暴露出来，导致岩石亲水性变强；二是长石溶蚀后生成亲水性较强的高岭土，导致岩心表面亲水性进一步变强。岩石表面更加亲水，有利于渗吸排油。岩石表面物性变化机理图如图 2-19 所示。

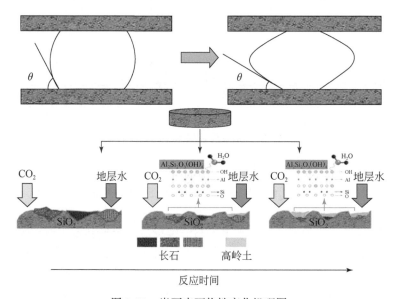

图 2-19　岩石表面物性变化机理图

4. 溶蚀反应过程研究

为进一步揭示 CO₂-岩石-地层水之间的相互作用，将实验前后的岩心片进行 SEM-EDS 以及 X 射线衍射（X-ray diffraction，XRD）分析，根据分析结果确定不同反应时间岩心表面矿物变化情况，分析结果如图 2-20 所示，不同时间矿物含量变化见表 2-3。

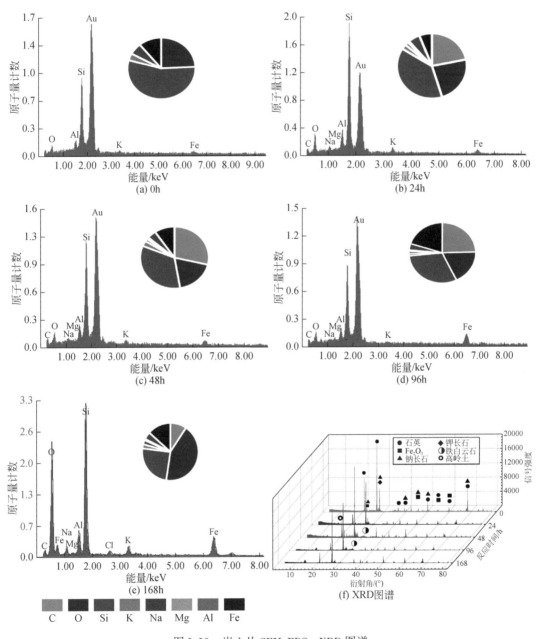

图 2-20　岩心片 SEM-EDS、XRD 图谱

表 2-3 不同时间矿物含量变化

时间 /h	矿物类型与含量/%						
	石英	钠长石	钾长石	Fe_2O_3	铁白云石	高岭土	其他
0	73.7	11.4	8.4	5.8	—	0.7	—
24	73.6	9.3	7.1	4.9	—	5.0	—
48	73.1	8.2	6.3	4.7	1.8	5.8	—
96	73.4	7.6	5.7	3.2	2.4	6.6	1.0
168	73.8	6.6	4.6	2.8	—	7.5	4.6

EDS-XRD 分析结果表明, 实验所用岩心主要由石英、钾长石、钠长石以及少量氧化铁组成。不同反应时间岩心片表面形貌如图 2-21 所示。随着溶蚀反应的进行, 长石类矿物被溶蚀, 表现在 XRD 图谱上, 长石类的波峰强明显减弱, 同时也出现了长石的溶蚀产物高岭土峰。随着反应时间的增加, 长石类矿物溶蚀加剧, 岩石表面一些部位出现了溶蚀孔洞, 能提供导流通道, 有利于 CO_2 分子的传质扩散和原油的流动 (Gul and Trivedi, 2010)。在 96h 样品的 SEM 图中观察到少量绿泥石产状物, 同时在 XRD 图谱上出现了铁白云石峰, 在溶蚀过程中发生了以下反应:

$$Ca(Mg_{0.3}Fe_{0.7})(CO_3)_2 + 2H^+ \longrightarrow 2HCO_3^- + Ca^{2+} + 0.3Mg^{2+} + 0.7Fe^{2+}$$

$$5Fe^{2+} + 5Mg^{2+} + 9H_2O + 3Al_2Si_2O_5(OH)_4 \longrightarrow 2Fe_{2.5}Mg_{2.5}Al_2Si_3O_{10}(OH)_8 + 2Al^{3+} + 14H^+$$

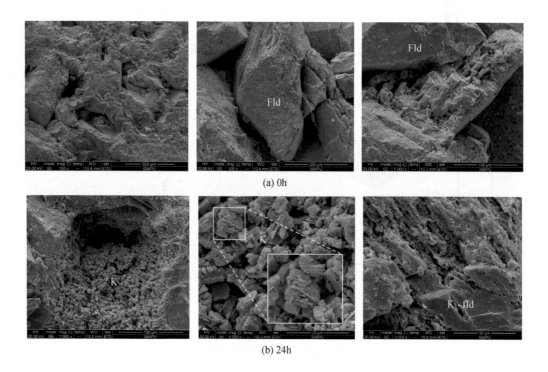

(a) 0h

(b) 24h

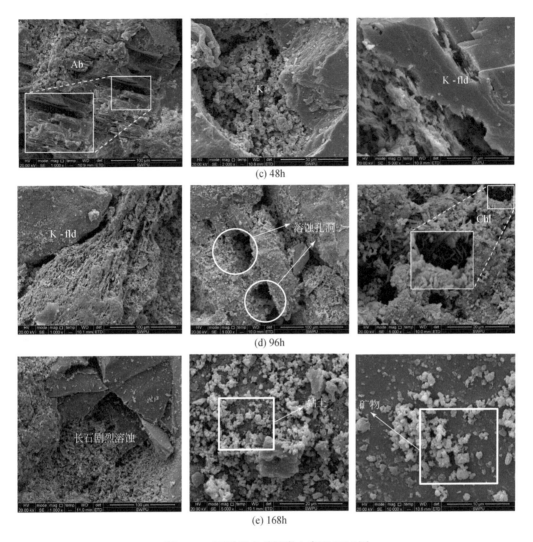

图 2-21　不同反应时间岩心表面 SEM 图

Fld-长石；K-高岭土；K-fld-钾长石；Ab-钠长石；Chl-绿泥石

绿泥石具有较强的吸油能力，会阻碍原油在储层中的运移，但是 XRD 图谱上未出现绿泥石峰，故可认为整个溶蚀过程中只有少量绿泥石生成。

2.2.4　致密油储层动态溶蚀过程研究

本实验在 75℃、不同压力（12.7MPa、17MPa、25MPa、32MPa）条件下进行，流速为 0.08mL/min。致密砂岩物性参数见表 2-4，实验过程如下：

（1）将岩心烘干称重，然后置于岩心夹持器内，将整个体系升温至 75℃；

（2）将饱和地层水缓慢注入夹持器内，同时记录实验过程中夹持器前后两端的压力，并收集实验中的地层水样以及计量 CO₂ 的体积；

（3）实验结束后，取出岩心烘干称重。

表 2-4 岩心物性参数表

岩心编号	长度/cm	直径/cm	孔隙度/%	渗透率/$10^{-3}\mu m^2$	质量/g
1	3.800	5.01	14.8	0.90	133.45
2	3.800	5.00	14.7	0.88	133.20
3	3.800	5.01	15.1	0.87	133.17
4	3.800	5.01	15.0	0.91	133.36

动态溶蚀装置如图 2-22 所示。

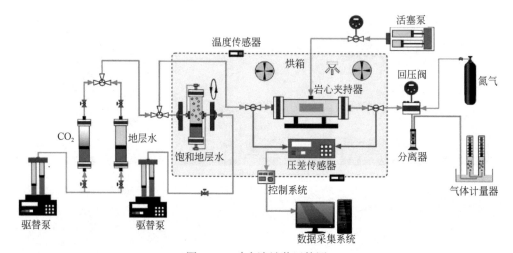

图 2-22 动态溶蚀装置简图

实验结果表明，随着驱替时间增加，岩心渗透率逐渐增大，最终趋于稳定。压力为 17.0MPa、32.0MPa 的两组实验中均出现了渗透率波动（先减小后增大）现象，如图 2-23 所示，分析认为在动态溶蚀过程中，固体颗粒（黏土矿物）可能发生运移，堵塞了孔道。如图 2-24 所示，岩心孔隙度增量和质量损失也随着实验压力增大而增大。

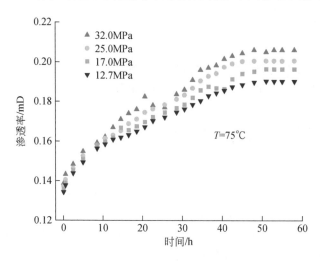

图 2-23 动态溶蚀过程中岩心渗透率变化

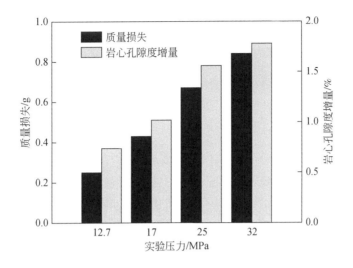

图 2-24　动态溶蚀过程中岩心孔隙度变化

2.3　致密油储层中 CO_2 扩散系数的测试方法

CO_2 提高采收率过程中，常见的 CO_2 注入方式有 CO_2 吞吐、CO_2 连续注入、水气交替注入（water-alternating-gas，WAG）、水气同注（simultaneous injection of water and gas，SIWG）（Zheng and Yang，2013），但对于致密油藏，储层孔喉极小，难以形成有效的驱替过程，对于这一类油藏，CO_2 吞吐是最重要的开发方法之一。利用 CO_2 提高采收率的关键是 CO_2 在原油中大量溶解以改善原油物性，CO_2 在油藏中的扩散距离及扩散速度对 CO_2 驱油、CO_2 吞吐作业的效果起决定性作用。CO_2 在原油中的传质扩散是浓度差作用下的自发过程，受到储层温度、压力、渗透率及含油饱和度等多种因素的影响，难以准确测量（Li et al.，2006）。

扩散系数是用来描述浓度差驱动下分子运动而引发传质过程的重要参数。扩散系数的大小决定了 CO_2 在储层原油中的扩散距离以及不同空间位置处原油中 CO_2 溶解量，从而决定了吞吐作业的效果（Zheng et al.，2016a，2016b）。根据准确的扩散系数，结合扩散过程的模型，能够对 CO_2 在储层原油中的扩散过程进行预测，计算出不同时间下 CO_2 的扩散量以及波及面积，从而对焖井时间进行合理优化。

文献调研表明（Crank，1956；Ghasemi et al.，2017；Prausnitz et al.，1969），目前针对扩散传质过程的研究大部分仍停留于气体向液体中的扩散过程，而对气体向多孔介质内液体的扩散过程研究较少。通过目前研究（Tick et al.，2007）尚具有以下不足：①没有对 CO_2 在多孔介质内的扩散过程进行系统研究，现有成果对 CO_2 提高采收率方面应用无实际指导意义；②对致密多孔介质中的扩散行为研究较少，已有数据较为零散且无代表性；③在已有研究中，未充分考虑 CO_2 与原油的相间作用对扩散传质过程的影响；④没有对扩散过程及其相关影响因素的影响机理进行系统研究。

综上所述，系统地对 CO_2 在不同条件下的扩散过程进行研究，获得 CO_2 在储层条件下准确的扩散系数，以及不同因素对其影响规律、影响机理，对我国现阶段提高致密油藏 CO_2 吞吐采油效果，高效利用 CO_2 吞吐采油，实现 CO_2 减排的社会效益与提高采收率的经济效益有机统一具有重要意义。

2.3.1 物理模型的建立

与体相扩散相比，CO_2 在多孔介质内的扩散过程更为复杂，从而导致 CO_2 扩散传质过程变得复杂（Yang and Gu，2005，2006），其主要原因有以下几点：①多孔介质内存在诸多结构复杂的孔隙通道，从而产生大量不规则的壁面，这些孔隙壁面可以看作阻碍扩散的固体边界，从而使扩散的路径和浓度场变得复杂；②多孔介质中的通道是曲折蜿蜒的三维结构通道，这使得 CO_2 在多孔介质中的扩散距离变得更长；③CO_2 在扩散过程中与储层内流体接触，会引起流体的体积膨胀等多种物性变化，从而对 CO_2 的扩散过程产生明显影响。此外，复杂固体骨架的存在也使得常规的取样、观测方法难以实现。根据 CO_2 在致密孔隙中扩散传质特点及油藏条件，本节采用压降法对 CO_2 在含油致密孔隙中的扩散系数进行测量，通过耦合 Fick 扩散方程与 PR EOS，建立了描述 CO_2 在饱和油多孔介质中扩散行为的数学模型，结合所使用的压降测量方法，能够精确、高效地对 CO_2 在致密油储层中的扩散系数进行测量。

由于在多孔介质中难以实施取样等直接测量方法（Riazi，1996），本节引入压降法对超临界 CO_2 在饱和油致密孔隙中的扩散行为进行测量表征，同时引入了更适用于压降法的径向扩散物理模型。测量中使用的物理模型如图 2-25 所示，使用铝箔和环氧树脂将饱和油致密岩心的两个端面封闭，使 CO_2 只能沿岩心径向扩散。

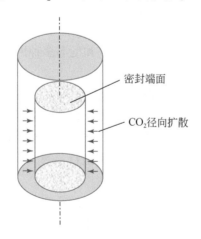

图 2-25　径向扩散物理模型示意图

相较于广泛应用的轴向扩散模型，该物理模型有以下三大优点：

（1）模型制备过程及安装方法简单，并且可通过调节岩心长度控制扩散桶中压降范围，确保不引入大的测量误差；

（2）CO_2 具有更大的扩散面积，解决了压降法实验时间过长的缺点，同时也降低了其对压力传感器的精度要求；

（3）便于模拟油藏高温，高压的环境，在实验过程中，扩散筒密封并水浴加热，置于其中的气体、岩心以及岩心中的液相均处在相同的压力和温度条件下，更加符合油藏实际情况。

扩散实验设备示意图如图 2-26 所示，具体实验步骤如下：

（1）将实验岩心清洗、烘干后，放入图 2-26（a）所示中间容器中，抽真空 10h；随后在室温下，向中间容器中注入油样，直至容器内油样压力达 15.0MPa，静置 48h 确保岩心孔隙完全饱和油；

（2）使用环氧树脂和铝箔密封饱和油岩心的两端端面，确保 CO_2 只能通过岩心侧表面进行扩散；

（3）按图 2-26（b）所示连接扩散实验所需装置，测试装置气密性后，将岩心放入扩散桶，并使用低压 CO_2 替换扩散桶内空气；

（4）将水浴调整至实验所需温度后，把扩散桶及装有 CO_2 的中间容器放入水浴中静置 2h，确保 CO_2 达到平衡状态，期间通过阀门 2 及 CO_2 循环加压泵调整容器中 CO_2 压力，使之达到实验所需压力值；

（5）在 CO_2 容器内压力稳定后，打开阀门 1、3、4 使 CO_2 进入扩散桶，当扩散桶内压力基本稳定后，迅速关闭阀门 1、4 并开始记录扩散桶内压力变化；

（6）当扩散桶内压力不再发生变化后，结束扩散实验，缓慢打开所有阀门释放扩散桶内压力，并清洗设备准备下一组实验。

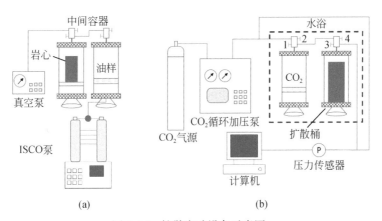

图 2-26　扩散实验设备示意图

2.3.2　数学模型的建立

本节中所使用的压降法属于间接测试方法，具有实验简单、适用性强的优点，但该方法需要经过复杂的后期计算处理才能获得相应的物理量（Peng and Robinson, 1976）。本节中为了获得 CO_2 在致密油储层中的扩散系数，通过耦合 Fick 扩散方程与 PR 状态方程

（PR EOS），建立了描述 CO_2 在饱和油致密多孔介质中径向扩散过程的数学模型。该模型中使用 Fick 扩散方程表征 CO_2 传质过程，使用 PR EOS 处理 CO_2–原油体系的相态变化及相互作用，从而使计算结果更加精准。此外，该模型还考虑了因溶解 CO_2 后原油体积膨胀而引起的流动，在控制方程中加入了速度项以表征原油流动对 CO_2 传质过程的影响。

为了简化数学模型及计算过程，该模型中使用了如下假设：

（1）岩心具有均质性及各向同性，即原油在岩心中均匀分布；

（2）岩心中所有孔隙均被原油饱和，即含油饱和度为 100%；

（3）测量过程中，岩心表面油相中 CO_2 的浓度恒定不变，即岩心侧表面为定浓度边界；

（4）因 CO_2 溶解后原油体积膨胀而引起的流动仅发生在径向，方向与 CO_2 扩散方向相反；

（5）忽略 CO_2 溶解产生的液相密度差所引起的自然对流作用，即不存在原油的轴向流动及 CO_2 轴向扩散过程；

（6）该模型中 CO_2 扩散过程为一维径向向心扩散，在轴向和周向不存在质量传递；

（7）忽略油相的蒸发作用及 CO_2 对轻质组分的抽提作用，扩散过程为单向过程；

（8）实验过程中扩散桶内温度恒定，传质过程中不存在热量传递；

（9）CO_2 的溶解为瞬时过程，在各个时间点体系处于平衡状态。

1. Fick 扩散模型

Fick 扩散定律是描述物质扩散的基本定律，基于浓度差驱动的扩散传质过程都可以通过该模型进行描述。Fick 扩散定律的基本形式如式（2-1）所示。

$$\frac{\partial c}{\partial t} = D \frac{\partial^2 c}{\partial x^2} \tag{2-1}$$

式中，c 为扩散物质的浓度，mol/m^3；t 为扩散时间，s；D 为扩散物质的扩散系数，m^2/s。

在 Fick 扩散定律中，定义了物质的扩散系数 D，其物理含义为物质在单位浓度梯度的作用下单位时间内扩散通过单位面积的物质量。这一参数能够准确定量地描述某种物质的扩散快慢程度，在工程计算与装备设计等领域被广泛使用。根据不同的使用环境及定义方式，物质在多孔介质中的扩散系数具有多种表示方法，其中最为常用的两种如下。

$$J = -D\,\nabla c_{\text{b}} \tag{2-2}$$

$$J = -D'\nabla c_{\text{p}} \tag{2-3}$$

其中

$$c_{\text{b}} = c_{\text{p}}\phi \tag{2-4}$$

式中，J 为物质的扩散通量；c_{b} 和 c_{p} 分别为多孔介质中和孔隙流体中的物质浓度，mol/m^3；ϕ 为多孔介质孔隙度。式（2-2）中的扩散系数 D 侧重于描述物质在多孔介质的孔隙结构内的扩散能力，而式（2-3）中的扩散系数 D' 侧重于描述物质在多孔介质整体中的扩散能力。在石油工业中，CO_2 在储层流体中的扩散过程才是 CO_2-EOR 的重点，因此本章采用式（2-2）所定义的扩散系数对 CO_2 在致密油储层中的扩散传质行为进行研究。

根据本节中所建立的径向扩散物理模型，取微元体进行分析，微元体模型如图 2-27 所示。

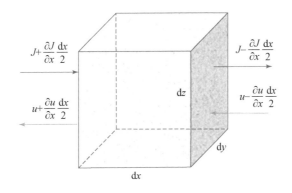

图 2-27　微元体结构示意图

CO_2 向饱和油岩心扩散的过程中，CO_2 的溶解会导致岩心内原油的体积膨胀，从而在孔隙中产生与扩散方向相反的径向流动。耦合扩散场与流动场，能够得到微元体中的控制方程，如式（2-5）所示。

$$\left(J+\frac{\partial J}{\partial x}\frac{\mathrm{d}x}{2}\right)\mathrm{d}y\mathrm{d}z-\left(J-\frac{\partial J}{\partial x}\frac{\mathrm{d}x}{2}\right)\mathrm{d}y\mathrm{d}z+\left(u-\frac{\partial u}{\partial x}\frac{\mathrm{d}x}{2}\right)\left(c-\frac{\partial c}{\partial x}\frac{\mathrm{d}x}{2}\right)\phi\mathrm{d}y\mathrm{d}z-$$
$$\left(u+\frac{\partial u}{\partial x}\frac{\mathrm{d}x}{2}\right)\left(c+\frac{\partial c}{\partial x}\frac{\mathrm{d}x}{2}\right)\phi\mathrm{d}y\mathrm{d}z=\frac{\partial c}{\partial t}\phi\mathrm{d}x\mathrm{d}y\mathrm{d}z \tag{2-5}$$

式中，u 为孔隙中因原油体积膨胀而产生的流动速度，m/s。

将式（2-1）代入式（2-5）中，并将坐标系转换为柱坐标系，即可得到柱坐标系下描述 CO_2 在饱和油多孔介质中径向扩散的微分方程，如式（2-6）所示，其中引入了速度项以考虑原油体积膨胀所引起的油相流动对 CO_2 传质过程的影响。

$$\frac{\partial c}{\partial t}=D\frac{\partial^2 c}{\partial r^2}-c\frac{\partial u}{\partial r}-\frac{cu}{r}-\left(u-\frac{D}{r}\right)\frac{\partial c}{\partial r} \tag{2-6}$$

式中，r 是岩心中一点到中心轴线的距离，m。

为了便于模型求解，需要将上述模型进行无量纲化。将式（2-6）无量纲化，所使用的无量纲化格式如式（2-7）所示，无量纲化后式（2-6）可由式（2-8）表示。

$$\begin{cases}\bar{r}=\dfrac{r}{r_0},\ \ \bar{c}=\dfrac{c}{c_0}\\[2mm]\tau=\dfrac{tD}{r_0^2},\ \ \bar{u}=\dfrac{ur_0}{D}\\[2mm]\lambda=\bar{u}-\dfrac{1}{\bar{r}}\end{cases} \tag{2-7}$$

$$\frac{\partial\bar{c}}{\partial\tau}=\frac{\partial^2\bar{c}}{\partial\bar{r}^2}-\lambda\frac{\partial\bar{c}}{\partial\bar{r}}-\bar{c}\frac{\partial\bar{u}}{\partial\bar{r}}-\frac{\bar{c}\bar{u}}{\bar{r}} \tag{2-8}$$

式中，$\bar{r}$ 为无量纲距离；r_0 为岩心的半径，m；$\bar{c}$ 为无量纲浓度；c_0 为实验条件下 CO_2 在原油中饱和浓度，mol/m³；τ 为无量纲时间；$\bar{u}$ 为无量纲速度。根据本节中该模型的假设

（3）及扩散过程仅由浓度差驱动的特点，岩心侧表面可认为是定浓度狄利克雷边界，即岩心侧面处的无量纲 CO_2 在扩散过程中恒定为1；岩心轴线处可认为是封闭边界，即在扩散过程中，岩心轴线处的 CO_2 无量纲浓度在径向上的微分恒定为0。对于该模型的初始条件，可认为岩心内部的 CO_2 浓度场及原油流动速度场都为0。综上所述，该扩散模型的边界条件及初始条件可分别由式（2-9）、式（2-10）表示。

$$\begin{cases} \bar{c}=1 & (\bar{r}=1, \tau>0) \\ \bar{u}=0, \dfrac{\partial \bar{c}}{\partial \bar{r}}=0 & (\bar{r}=0, \tau\geqslant 0) \end{cases} \tag{2-9}$$

$$\begin{cases} \bar{u}=0, \bar{c}=1 & (\bar{r}=1, \tau=0) \\ \bar{u}=0, \bar{c}=0 & (\bar{r}<1, \tau=0) \end{cases} \tag{2-10}$$

在模型的求解过程中，采用全隐式有限差分方法对该模型进行求解。首先将微分方程离散化为差分方程组，进而迭代求解。在离散过程中，浓度和流动速度对空间的导数采用二阶中心差分格式，浓度对时间的导数采用一阶向前差分格式。具体差分格式可由式（2-11）~式（2-14）表示。

$$\frac{\partial \bar{c}}{\partial \tau}=\frac{1}{\Delta \tau}(\bar{c}_i^{n+1}-\bar{c}_i^n)+O(\Delta \tau) \tag{2-11}$$

$$\frac{\partial \bar{c}}{\partial \bar{r}}=\frac{1}{2\Delta \bar{r}}(\bar{c}_{i+1}^{n+1}-\bar{c}_{i-1}^{n+1})+O(\Delta \bar{r}^2) \tag{2-12}$$

$$\frac{\partial^2 \bar{c}}{\partial \bar{r}^2}=\frac{1}{\Delta \bar{r}^2}(\bar{c}_{i+1}^{n+1}-2\bar{c}_i^{n+1}+\bar{c}_{i-1}^{n+1})+O(\Delta \bar{r}^2) \tag{2-13}$$

$$\frac{\partial \bar{u}}{\partial \bar{r}}=\frac{1}{2\Delta \bar{r}}(\bar{u}_{i+1}^{n+1}-\bar{u}_{i-1}^{n+1})+O(\Delta \bar{r}^2) \tag{2-14}$$

式中，$\bar{c}_i^n$ 为第 n 个时间节点、第 i 个网格的无量纲浓度；O 为截断误差；$\bar{c}_{i+1}^{n+1}$ 为第 $n+1$ 个时间节点、第 $i+1$ 个网格的无量纲浓度；$\bar{c}_{i-1}^{n+1}$ 为第 $n+1$ 个时间节点、第 $i-1$ 个网格的无量纲浓度；$\bar{u}_{i+1}^{n+1}$ 为第 $n+1$ 个时间节点、第 $i+1$ 个网格的无量纲速度；$\bar{u}_{i-1}^{n+1}$ 为第 $n+1$ 个时间节点、第 $i-1$ 个网格的无量纲速度。

应用以上有限差分格式可将式（2-8）中偏微分方程改写为差分方程，如式（2-15）~式（2-18）所示。

$$a_i\bar{c}_{i-1}^{n+1}+b_i\bar{c}_i^{n+1}+e_i\bar{c}_{i+1}^{n+1}=f_i, i=0,1,2,\cdots,I \tag{2-15}$$

$$a_i=-\frac{\Delta \tau}{\Delta \bar{r}^2}-\frac{\lambda \Delta \tau}{2\Delta \bar{r}} \tag{2-16}$$

$$b_i=1+\frac{\Delta \tau}{2\Delta \bar{r}}(\bar{u}_{i+1}^{n+1}-\bar{u}_{i-1}^{n+1})+\frac{\Delta \tau}{\bar{r}_i}\bar{u}_i^{n+1}+\frac{2\Delta \tau}{\Delta \bar{r}^2} \tag{2-17}$$

$$e_i=-\frac{\Delta \tau}{\Delta \bar{r}^2}+\frac{\lambda \Delta \tau}{2\Delta r}, f_i=\bar{c}_i^n \tag{2-18}$$

式中，I 为空间网格总数；a_i，b_i，e_i，f_i 为差分方程内定义的变量。结合边界条件式（2-9）与初始条件式（2-10），可以构造差分方程组：

$$\begin{bmatrix} b_0 & a_0+e_0 & & & \\ a_1 & b_1 & e_1 & & \\ & a_2 & b_2 & e_2 & \\ & & \ddots & \ddots & \ddots \\ & & & a_{I-1} & b_{I-1} \end{bmatrix} \begin{bmatrix} \bar{c}_0^{n+1} \\ \bar{c}_1^{n+1} \\ \bar{c}_2^{n+1} \\ \vdots \\ \bar{c}_{I-1}^{n+1} \end{bmatrix} = \begin{bmatrix} f_0 \\ f_1 \\ f_2 \\ \vdots \\ f_{I-1}-e_{I-1} \end{bmatrix} \tag{2-19}$$

应用 Gauss-Seidel 迭代方法求解差分方程组 [式 (2-19)]，即可计算得到每个时间网格处岩心中的 CO_2 浓度和原油流动速度分布。在已知 CO_2 浓度场的情况下，原油的流动速度场可通过式 (2-20) 和式 (2-21) 进行求解。

$$\Delta \bar{u}_{i+1}^{n+1} = \frac{\bar{r}_i \Delta \bar{r}}{(\bar{r}_i+\Delta \bar{r})\Delta \tau}\left[(f_v-1)c_0\left(\frac{\bar{c}_i^{n+1}+\bar{c}_{i+1}^{n+1}}{2}-\frac{\bar{c}_i^n+\bar{c}_{i+1}^n}{2}\right)\right] \tag{2-20}$$

$$\bar{u}_{i+1}^{n+1} = \sum_0^{i+1} \Delta \bar{u}_i^{n+1} \tag{2-21}$$

式中，f_v 为原油的体积系数。

对每个时间网格，用前一个时间网格的 CO_2 浓度作为初始值计算该时间网格内的原油流动速度分布，再采用已求得的速度分布计算当前时间网格的 CO_2 浓度分布。当每个空间节点处的 CO_2 浓度及原油流动速度的最大相对误差均小于 10^{-4} 时，停止迭代过程并进行下一时间网格的计算。

2. PR 状态方程（PR EOS）

压降法是通过将实验测量的压力曲线与理论压力曲线相拟合，从而得到 CO_2 在饱和油致密多孔介质中的扩散系数。因此，数学模型预测的理论压力值的精度决定了最终处理得到的 CO_2 扩散系数的准确程度。原有的压力预测方法仅根据环空中存留 CO_2 量对压力进行简单估计，并未考虑多孔介质中流出的流体与 CO_2 之间的相互作用及相态变化对压力的影响。本节中引入 PR EOS 对 CO_2-原油体系的相间作用加以考虑，对扩散桶内压力进行预测，大大增加了压力计算的科学性与精准性。

PR EOS 是由 Peng 和 Robinson 提出的双常数三次方程，用以描述多种物质组成体系的相互作用以及相平衡，是在石油化工领域广泛应用的半经验模型（Li and Yang，2011）。其要求明确体系中各种组分的相关参数，以及各组分间的二元作用系数（binary interaction parameter，BIP）。PR EOS 可由式 (2-22) 表示。

$$p = \frac{RT}{V-b} - \frac{a}{V(V+b)+b(V-b)} \tag{2-22}$$

$$\begin{cases} a = a_c\alpha(T_r,\omega) \\ a_c = \dfrac{0.457235R^2T_c^2}{p_c} \\ b = \dfrac{0.0777969RT_c}{p_c} \end{cases}$$

式中，p 为体系压力，Pa；R 为通用气体常数，8.314J/（mol·K）；T 为体系温度，K；V 为摩尔体积，m^3/mol；T_c 为临界温度，K；p_c 为临界压力，Pa；a，b，a_c 为 PR 状态方程中定义的变量；$\alpha(T_r,\omega)$ 为 alpha 方程，是关于相对温度 T_r 和偏心因子 ω 的函数。

本节中针对 CO_2-原油体系的特点，引入了一套 alpha 方程的改进经验模型，其对原油与 CO_2 的相互作用预测具有较高的准确度，如式（2-23）所示。

$$\alpha(T_r,\omega) = \exp\{(0.1328-0.05052\omega+0.25948\omega^2)(1-T_r)$$
$$+0.81769\ln[1+(0.31355+1.86745\omega-0.52604\omega^2)(1-\sqrt{T})]^2\} \quad (2\text{-}23)$$

PR EOS 中使用的参数是由体系中的所有组分共同决定的，因此对于多组分体系，PR EOS 中的参数应通过一定的混合规则进行处理。此处使用范德瓦耳斯混合规则，对 CO_2-原油体系的相关参数进行整合，如式（2-24）所示。

$$\begin{cases} a = \sum_{i=1}^{nc}\sum_{j=1}^{nc} x_i x_j (1-\delta_{ij})\sqrt{a_i a_j} \\ b = \sum_{i=1}^{nc} x_i b_i \end{cases} \quad (2\text{-}24)$$

式中，δ_{ij} 为 i，j 两种组分间的二元作用系数（BIP）。

本节中引入 Chueh-Prausnitz 方法对二元作用系数进行计算，其对表征 CO_2 和烃类的混合体系具有较好效果。该模型如式（2-25）所示。

$$\delta_{ij} = m_1\left\{1-\left[\frac{2(V_{ci}V_{cj})^{1/6}}{V_{ci}^{1/3}+V_{cj}^{1/3}}\right]^{m_2}\right\} \quad (2\text{-}25)$$

式中，V_{ci} 为组分 i 的临界摩尔体积，m^3/mol；m_1，m_2 为常数。

对于多组分体系，随着组分数的增多，二元作用系数矩阵的阶数会迅速增长，从而大大增加 PR EOS 模型的运算量。原油组成复杂，如果将组分划分过细会使模型计算量大幅度增加，而舍弃部分含量少的组分则会产生较大误差。为了达到计算量和计算精度的平衡，本节引入一种拟组分拼合方法对油相组分进行处理，在保证状态方程计算精度的条件下减少计算量。原油拟组分的拼合流程如图 2-28 所示。

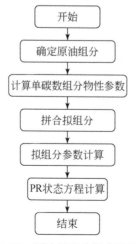

图 2-28　原油拟组分拼合流程图

1）原油单碳组分分布

原油中的烃类组分在碳数超过一定值后，其在原油中的含量呈现指数分布。本节中引入 Pedersen 等提出的线性预测模型对原油的组分分布进行确定，即在碳链达到一定长度后，烃类组分的含碳数与其摩尔分数的对数呈线性关系，如式（2-26）所示。

$$\ln z_N = A_0 + B_0 \times C_N \tag{2-26}$$

式中，C_N 为某烃类组分碳数；z_N 为该组分的摩尔分数；A_0、B_0 为常数，通常由数据拟合得到。通过式（2-26）能够将色谱分析方法中无法分解的碳组分 C_+ 分成若干单碳数烃类，在拆分过程中所拆分组分的摩尔分数及摩尔质量均应满足物质守恒原则：

$$z_+ = \sum_{i=C_+}^{C_{max}} z_i \tag{2-27}$$

$$MW_+ = \frac{\sum_{i=C_+}^{C_{max}} z_i MW_i}{\sum_{i=C_+}^{C_{max}} z_i} \tag{2-28}$$

式中，z_+ 为重组分的摩尔分数，%；C_{max} 为最大碳组分；MW_i 为第 i 个组分的摩尔质量；MW_+ 为重组分的摩尔质量，g/mol。

2）单碳数组分的参数计算

将原油拆解为一系列单碳数烃类组分后，可通过经验公式对各单碳数组分的主要参数进行预测。这些参数将作为计算各拟组分性质的基础。

摩尔质量（MW）：

$$MW = 14 C_N - 4 \tag{2-29}$$

相对密度（SG）：

$$SG = 0.2855 + C_f (MW - 65.9419)^{0.13} \tag{2-30}$$

式中，C_f 为经验系数，通常取值为 0.27 ~ 0.31，可根据实际情况调整。

沸点（T_{bR}）：

$$T_{bR} = 1928.3 - 1.695 \times 10^5 MW^{-0.03522} SG^{3.266} \times \exp(-4.922 \times 10^{-3} MW - 4.7685 SG + 3.462 \times 10^{-3} MW \times SG) \tag{2-31}$$

临界温度（T_{cR}）：

$$T_{cR} = 341.7 + 811 SG + (0.4244 + 0.1174 SG) T_{bR} + \frac{(0.4669 - 3.2623 SG) \times 10^5}{T_{bR}} \tag{2-32}$$

临界压力（P_{cpsi}）：

$$P_{cpsi} = \exp \left[8.3634 - \frac{0.0566}{SG} - \left(0.24244 + \frac{2.2898}{SG} + \frac{0.11857}{SG^2} \right) \times 10^{-3} T_{bR} \right.$$
$$\left. + \left(1.4685 + \frac{3.648}{SG} + \frac{0.47227}{SG^2} \right) \times 10^{-7} T_{bR}^2 - \left(0.42019 + \frac{1.6977}{SG^2} \right) \times 10^{-10} T_{bR}^3 \right] \tag{2-33}$$

临界摩尔体积（V_c）：

$$\Delta SG_k = \exp [4 (SG_p^2 - SG^2)] - 1 \tag{2-34}$$

$$f_k = \Delta SG_k \left[\frac{0.46659}{\sqrt{T_{bR}}} + \left(\frac{3.01721}{\sqrt{T_{bR}}} - 0.182421 \right) \Delta SG_k \right] \tag{2-35}$$

$$V_c = V_{cp}\left(\frac{1+2f_k}{1-2f_k}\right)^2 \tag{2-36}$$

式中，SG_p 为正构烷烃的相对密度；ΔSG_k 为相对密度差；V_{cp} 为正构烷烃的临界摩尔体积，m^3/mol。正构烷烃因其比较独特的分子结构，需要由独立的模型对其参数进行预测。正构烷烃相关参数计算可采用 Twu（1983）所提出的方法。

偏心因子（ω）：

$$T_{bR} \leq 0.8,\ \omega = \frac{-\ln\left(\dfrac{P_{cpsi}}{14.7}\right)-5.92714+\dfrac{6.09648}{T_{bR}}+1.28862\ln T_{bR}-0.169347T_{bR}^6}{15.2518-\dfrac{15.6875}{T_{bR}}-13.4721\ln T_{bR}+0.43577T_{bR}^6} \tag{2-37}$$

$$T_{bR}>0.8,\ \omega = -7.904+0.1352K_w-0.007465K_w^2+8.359T_{bR}+\frac{1.408-0.01063K_w}{T_{bR}} \tag{2-38}$$

其中

$$K_w = 4.5579MW^{0.15178}SG^{-0.84573}$$

3）拼合拟组分

确定各单碳组分参数后，即可按照一定规则将单碳组分拼合成若干拟组分，用于 PR EOS 的计算过程。拟组分的拼合关系到模型计算量大小与计算结果的精确程度，各国学者也对拼合拟组分的方法进行了大量研究，其中 Danesh 等提出的模型所拼合成的拟组分具有较好的效果。其认为各拟组分中单碳数组分的摩尔分数与摩尔质量对数的乘积之和应该相同，如式（2-39）所示。在拼合过程中，将所有单碳数组分按照标准沸点高低排列，按照上述原则进行拼合，拟组分数量应为 4～10 个。

$$\begin{cases} \displaystyle\sum_{i=1}^{X} z_i\ln MW_i - \frac{I}{N}\sum_{i=1}^{n} z_i\ln MW_i \leq 0 \\[4mm] \displaystyle\sum_{i=1}^{X+1} z_i\ln MW_i - \frac{I}{N}\sum_{i=1}^{n} z_i\ln MW_i \geq 0 \end{cases} \tag{2-39}$$

式中，I 为拟组分的序号；N 为拟组分的数量。

4）拟组分参数计算

在拼合得到拟组分之后，可根据构成拟组分的单碳数烃类组分的参数加权计算得到拟组分的参数。本节引入了 Wu 和 Batycky（1988）提出的方法，同时考虑单碳数烃组分的摩尔分数与摩尔质量来进行加权计算，得到拟组分的相应参数，如式（2-40）所示。

$$\begin{cases} \Phi = \dfrac{wz_j}{\displaystyle\sum_{j\in I} z_j} + \dfrac{(1-w)z_j MW_j}{\displaystyle\sum_{j\in I} z_j MW_j} \\[5mm] \theta_I = \displaystyle\sum_{j\in I} \Phi_j\theta_j \end{cases} \tag{2-40}$$

式中，θ_I、θ_j 分别为拟组分 I 和单碳数组分 j 的某种参数；w 为单碳数烃组分摩尔分数的权重，取值范围 0 ~ 1；Φ 为某种单碳数烃组分对拟组分性质影响的权重。

本节中使用数学模型计算 CO_2 扩散系数的总体流程如图 2-29 所示，其具体步骤如下：

（1）通过气相色谱测定原油部分碳数分布，结合式（2-26）确定原油的全部单碳数烃类组分；

（2）通过经验模型［式（2-29）~ 式（2-38）］确定单碳数组分的物性参数；

（3）通过式（2-33）将单碳数烃类组分拼合为若干个拟组分；

（4）通过式（2-40）使用单碳数组分物性参数确定拟组分的相关参数；

（5）结合式（2-33）确定 CO_2-拟组分体系的二元作用系数（BIP）矩阵；

（6）求解扩散模型，获得扩散过程中不同时间网格处 CO_2 无量纲浓度分布及原油无量纲速度分布；

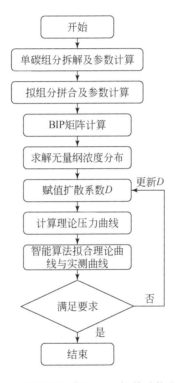

图 2-29　数学模型求解 CO_2 扩散系数流程图

（7）设定扩散系数初始值，代入式（2-7）使模型的解量纲化；

（8）使用 PR EOS［式（2-22）~ 式（2-24）］计算每一时间网格处扩散桶内的理论压降；

（9）使用遗传算法拟合实验 P-t 曲线与理论 P-t 曲线；

（10）重复（4）~（7），直到理论曲线与实测曲线间误差最小，此时的扩散系数值即实验条件下 CO_2 在饱和油致密多孔介质中的扩散系数。

2.4 不同因素对 CO_2 扩散系数的影响

2.4.1 CO_2 在饱和油致密岩心中的扩散过程及特征

物质在多孔介质中扩散的本质是浓度差驱动的分子运动，是一个动态的过程。许多学者指出（Li and Dong, 2009；Ghanbarian et al., 2013），在扩散过程中扩散系数是一个变量，会随着扩散过程的进行产生规律性的变化。在石油工业及其他工程领域中为了简化计算量，通常将扩散系数看成一个常数，扩散系数本身的数量级较小（1×10^{-10}），忽略其变化也能满足工程的需求，但不利于把握物质扩散过程的特征及工程管理的精细化（Yang and Gu, 2004；Yang et al., 2011）。通过求解 Fick 扩散模型，能够对 CO_2 扩散过程中 CO_2 浓度场的变化进行精确地预测与监控，从而探究 CO_2 在含油致密多孔介质的扩散过程，分析其扩散特点，为优化 CO_2 提高采收率工艺提供理论指导。

求解 2.3.2 节中的 CO_2 扩散数学模型，能够得出饱和油致密岩心中 CO_2 无量纲浓度分布，如图 2-30 所示，能够看出，饱和油致密岩心中 CO_2 的无量纲浓度随无量纲时间逐渐升高，浓度曲线的趋势逐渐变缓。在无量纲时间 $\tau<0.2$ 时，两条浓度曲线间的面积明显大于 $\tau>0.2$ 时三条浓度曲线间的面积，这说明在扩散的初始阶段 CO_2 扩散速率较快，CO_2 在油相中快速累积；而在后续阶段，扩散速率放缓，CO_2 浓度增长速率降低。

在此基础上将图 2-30 中的 CO_2 无量纲浓度分布进行统计整合，形成扩散过程中的 CO_2 饱和程度随无量纲时间的变化曲线，如图 2-31 所示。

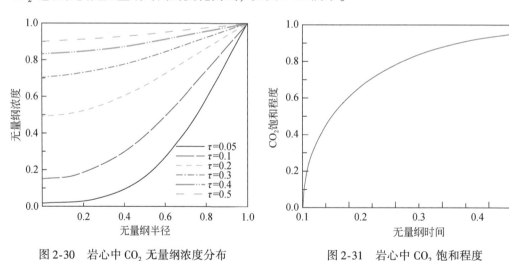

图 2-30 岩心中 CO_2 无量纲浓度分布　　　　图 2-31 岩心中 CO_2 饱和程度

CO_2 饱和程度可由式（2-41）表示，其物理意义为某一时间网格内，岩心内油相所溶解的 CO_2 量与实验条件下能溶解的 CO_2 总量的比值。

$$S_{CO_2} = \frac{\int \bar{c} \, dv}{\int \bar{c}_{sat} \, dv} \tag{2-41}$$

式中，S_{CO_2} 为岩心中 CO_2 饱和程度；$\bar{c}_{sat}$ 为饱和状态下 CO_2 无量纲浓度。结合图 2-30 和图 2-31 可知，在无量纲时间为 0.2 时，岩心中心区域（$\bar{r}=0$）的 CO_2 无量纲浓度已达到 0.5，而岩心整体 CO_2 饱和程度接近 0.8，扩散前期阶段在传质过程中发挥了重要作用。由此，可将 CO_2 在饱和油致密多孔介质中的扩散过程划分为两个阶段：扩散速度较快的初始阶段与扩散速度较慢的后续阶段。在本节中，对于 CO_2 扩散系数的讨论也将基于这两个阶段分别进行。

岩心中的原油会随着 CO_2 溶解而体积膨胀，从而产生与 CO_2 扩散方向相反的径向流动，其无量纲流动速度分布如图 2-32 所示。原油流动沿圆柱状岩心径向进行，因此在岩心外围区域的流动速度由两部分叠加组成，一部分为该区域内的原油膨胀而产生的原始速度，另一部分为岩心内部区域原油向外膨胀而引起的传递速度，由此在无量纲流动速度分布曲线中表现为外部流动速度大于内部流动速度。在扩散初始阶段，曲线斜率变化大，说明此时 CO_2 主要扩散进入外部原油中，整体流动速度较高，CO_2 扩散速度较快，原油体积迅速膨胀；随着扩散过程的进行，外部区域原油中 CO_2 浓度已达到较高水平，继续膨胀产生的原始速度较小，从而使曲线趋于平缓，且后续阶段 CO_2 扩散速度较低，岩心中原油流动的整体速度逐渐减小。环空中无量纲出油量与无量纲时间的关系如图 2-33 所示，其物理意义为一定时间下环空中因体积膨胀流出的原油量与能够流出原油总量之比。图 2-33 中在无量纲时间小于 0.2 时，环空中油量增长较快；随后曲线增长速度放缓，其变化规律可与图 2-31 互相印证。

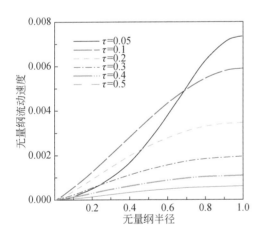
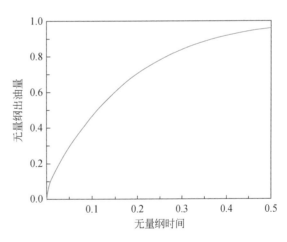

图 2-32　岩心中原油无量纲流动速度分布　　　　图 2-33　环空中无量纲出油量与无量纲时间关系

2.4.2　压力对 CO_2 扩散系数的影响

储层压力是油气田开发过程中的核心参数，同时压力对于 CO_2 在含油储层中的扩散效果具有明显的影响。不同储层压力下，达到一定扩散效果所需要的时间也有所不同。为探究不同压力条件对 CO_2 扩散系数的影响，本节中进行了 8 组不同压力下致密岩心 CO_2 扩散实验。每组实验的具体实验条件见表 2-5。

表 2-5　压力系列扩散实验具体参数

岩心编号	岩心直径/mm	岩心长度/mm	渗透率/$10^{-3}\mu m^2$	孔隙度/%	初始压力/MPa	温度/℃
1	38.10	89.90	0.125	5.32	5.00	70
2	38.13	89.01	0.098	5.01	8.44	70
3	38.13	90.04	0.192	4.56	11.86	70
4	38.12	88.08	0.098	5.82	13.28	70
5	38.15	89.60	0.106	4.23	14.89	70
6	38.11	90.31	0.058	4.22	16.66	70
7	38.13	88.32	0.182	4.93	19.12	70
8	38.10	86.01	0.080	4.26	23.40	70

不同压力下 CO_2 在饱和油多孔介质中扩散实验的压力曲线如图 2-34 所示。根据之前所确定的 CO_2 在含油多孔介质中的扩散特征，本节中对实验测量的压力曲线分别采用了整体拟合与分段拟合的方法进行处理。由图 2-34 能够看出，整体拟合曲线与实验数据曲线之间存在一定误差。这是由于扩散的后续阶段占据了大量时间，从而弱化了初始阶段在整体扩散过程中的作用。根据 2.4.1 节的结论，CO_2 扩散过程可分为两个阶段分别进行拟合，以实现对 CO_2 扩散过程更精确地表征。由图 2-34 中初始阶段拟合曲线、后续阶段拟合曲线与实验数据曲线的重合情况和拟合优度能够看出，分段拟合的结果更贴近于实验值，同时也更准确地表现出扩散过程先快后慢的特点。

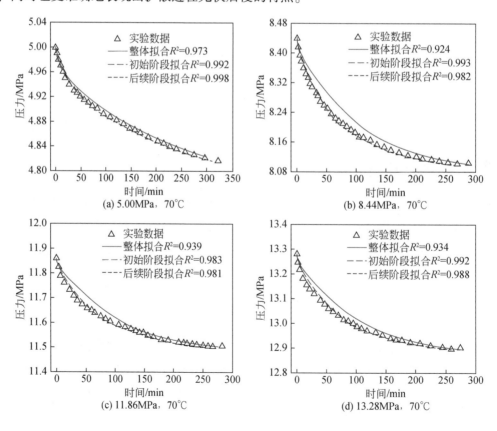

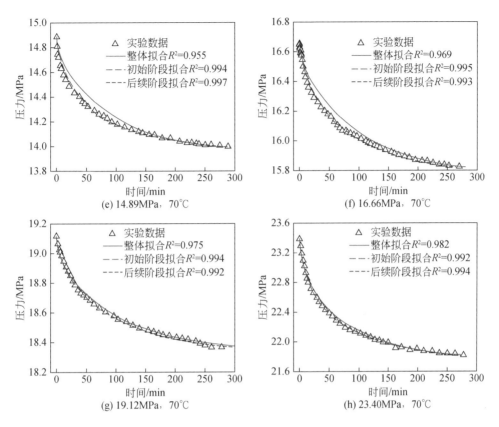

图 2-34　不同压力下 CO₂ 扩散实验压力曲线

在 70℃下，压力对 CO₂ 在饱和油多孔介质中扩散系数的影响规律如图 2-35 所示。在 4 条曲线中初始阶段拟合的扩散系数最大，而后续阶段拟合的扩散系数较小；整体拟合的扩散系数介于两者之间。而对比不使用 PR EOS 处理得到的扩散系数，发现其数值最小，且与耦合 PR EOS 的数学模型所得的结果存在明显偏差。这也证明 PR EOS 的加入有利于 CO₂ 扩散系数的精确计算。

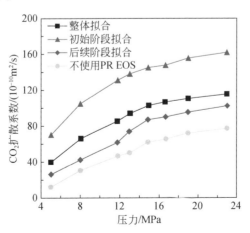

图 2-35　压力对 CO₂ 扩散系数的影响规律

由图 2-35 可知，四条曲线的变化趋势一致，即在温度不变的条件下，随压力上升，CO_2 扩散系数逐渐增大，随后增大趋势有所减缓。分段拟合结果表明，实验压力范围内，初始阶段拟合的 CO_2 扩散系数由 $70.20 \times 10^{-10} m^2/s$ 上升至 $161.82 \times 10^{-10} m^2/s$；后续阶段的扩散系数由 $26.29 \times 10^{-10} m^2/s$ 上升至 $102.18 \times 10^{-10} m^2/s$。整体拟合结果表明，实验压力范围内，$CO_2$ 扩散系数由 $39.19 \times 10^{-10} m^2/s$ 上升至 $115.98 \times 10^{-10} m^2/s$。$CO_2$ 扩散系数增长趋势先快后慢的原因主要有两点，一是随压力增大，CO_2 分子间距离减小，范德华力作用增强，扩散动力增大，但随压力继续增大，阻力因素对扩散系数的影响逐渐占主导地位，扩散系数增大的趋势减缓；二是在一定范围内，随着压力增大，CO_2 在原油中溶解度增大。如图 2-36 所示，在压力小于 15MPa 时，随着压力增大，CO_2 在原油中的溶解能力明显上升，从而减小了 CO_2 扩散进入油相的阻力。因此，在图 2-35 中，这一压力范围内的 CO_2 扩散系数随压力的增大有较为明显的提升。而压力达到一定值后，其对 CO_2 在原油中的增溶作用不再明显，使 CO_2 扩散系数增大趋势放缓。

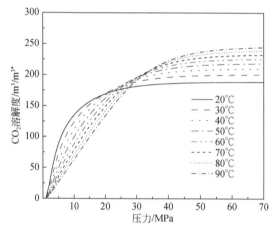

图 2-36 CO_2 在原油中的溶解度图版

* m^3/m^3 是指对照条件（可参考条件）下的气体体积与实际工作状态下的气体体积之比

2.4.3 温度对 CO_2 扩散系数的影响

储层温度决定了地层流体的流动能力及相关性质，同时也直观地影响 CO_2 的相态及 CO_2-地层流体之间的相间作用（Hou et al., 2017；Jia et al., 2010；Zheng et al., 2016b）。不同的温度下，CO_2 在储层中的扩散过程也存在巨大差异。为探究不同温度条件对 CO_2 扩散系数的影响，本节中进行了 4 组不同温度下的致密岩心 CO_2 扩散实验。每组实验的具体实验条件见表 2-6。

表 2-6 温度系列扩散实验具体参数

岩心编号	岩心直径/mm	岩心长度/mm	渗透率/$10^{-3} \mu m^2$	孔隙度/%	初始压力/MPa	温度/℃
9	38.11	90.21	0.062	3.89	14.56	25
10	38.13	87.89	0.191	4.15	14.78	40

续表

岩心编号	岩心直径/mm	岩心长度/mm	渗透率/10^{-3} μm^2	孔隙度/%	初始压力/MPa	温度/℃
11	38.15	89.15	0.062	5.17	14.68	55
12	38.13	88.66	0.079	5.21	14.63	85

　　不同温度下 CO_2 扩散实验的压力曲线如图 2-37 所示。由拟合曲线与实验数据曲线的重合程度以及不同拟合结果的拟合优度可以看出，分段拟合的结果优于整体拟合。

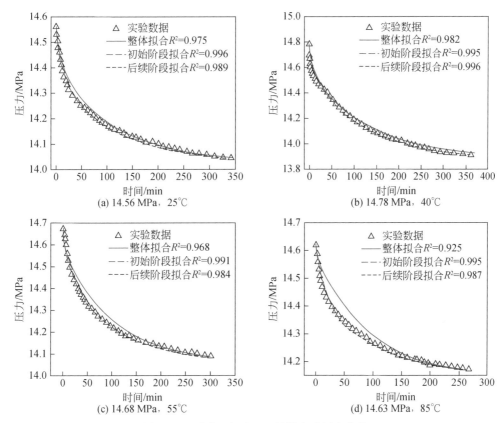

图 2-37　不同温度下 CO_2 扩散实验压力曲线

* m^3/m^3 是指对照条件（可参考条件）下的气体体积与实际工作状态下的气体体积之比

　　在 15MPa 下，温度对饱和油多孔介质中 CO_2 扩散系数的影响规律如图 2-38 所示。可以看出，在温度达到 55℃ 之前，随温度升高，CO_2 扩散系数逐渐增大，超过 55℃ 后，增大趋势逐渐放缓。分段拟合结果表明，在 25~85℃ 范围内，初始阶段拟合的 CO_2 扩散系数由 67.04×10^{-10} m^2/s 上升至 164.38×10^{-10} m^2/s；后续阶段拟合的 CO_2 扩散系数由 33.82×10^{-10} m^2/s 上升至 100.37×10^{-10} m^2/s。整体拟合结果表明，在实验温度范围内，CO_2 扩散系数由 46.61×10^{-10} m^2/s 上升至 118.10×10^{-10} m^2/s（Sun et al.，2014）。

　　温度对 CO_2 扩散系数的影响规律可归因于以下三点。

　　第一，温度升高后，CO_2 分子的布朗运动加剧，使传质过程加快。Stocks-Einstein 方

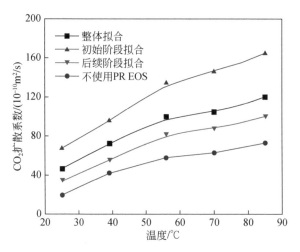

图 2-38　温度对 CO_2 扩散系数的影响规律

程如式（2-42）所示，表明分子的布朗运动会随温度的升高而变得更加活跃，因此扩散系数也会随之增大。

$$\begin{cases} D = \dfrac{RT}{N_A 6 \eta a} \\ \overline{x}^2 = 2tD \end{cases} \tag{2-42}$$

式中，N_A 为阿伏伽德罗常数；η 为介质黏度，$Pa \cdot s$；$\overline{x}^2$ 为分子平均位移，m；a 为经验参数。

第二，如图 2-39 所示，温度升高使原油黏度减小，有利于 CO_2 的扩散；但温度超过 50℃后，温度上升对原油的降黏作用十分有限，从而减缓了 CO_2 扩散系数的增大趋势。

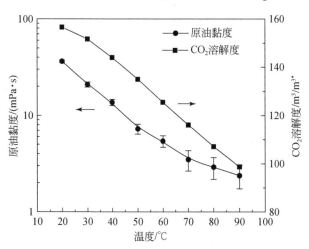

图 2-39　温度对 CO_2 溶解度及原油黏度的影响

第三，图 2-39 表明随着温度升高，CO_2 在原油中的溶解度下降，CO_2 扩散所受的阻力有所增大，这进一步抑制了 CO_2 扩散系数的增大。

综上所述，在温度较低时，随温度增加，布朗运动的加剧和原油黏度的迅速降低成为主导因素，从而使 CO_2 扩散系数以较快速度增大；而随着温度进一步升高，因 CO_2 溶解度下降而产生的阻力因素占主导地位，CO_2 扩散系数的增长趋势放缓。

2.4.4　原油性质对 CO_2 扩散系数的影响

CO_2 向另一种流体中扩散的过程中，不仅仅要考虑 CO_2 分子本身的扩散速率，同时也要考虑另一种流体对 CO_2 的接纳能力。在 CO_2 向饱和油岩心中扩散的过程中，原油的性质会影响 CO_2 在其中的溶解能力，同时也影响了 CO_2 向原油中的扩散速率（Hill and Lacey，1934）。为探究不同原油性质对 CO_2 扩散系数的影响，本节中选取 6 种不同的油样进行了 6 组致密岩心 CO_2 扩散实验。每组实验的具体实验条件见表 2-7。

表 2-7　原油性质系列扩散实验具体参数

岩心编号	岩心直径/mm	岩心长度/mm	渗透率/$10^{-3}\ \mu m^2$	孔隙度/%	初始压力/MPa	温度/℃	油样
13	38.16	90.42	0.102	3.92	15.29	70	A
14	38.18	90.20	0.099	3.83	15.36	70	B
15	38.14	89.66	0.096	4.95	15.35	70	C
16	38.20	89.12	0.103	3.76	15.33	70	D
17	38.18	89.74	0.100	4.16	15.36	70	E
18	38.16	89.40	0.102	3.75	15.32	70	F

图 2-40 和图 2-41 分别为实验中所使用的油样 A~F 的单碳数组分分布和黏温曲线。由上述两图可知，从油样 A~F，原油中的轻质组分所占摩尔分数（图 2-40 中蓝色圈标注）逐渐减少，而重组分（图 2-40 中红色圈标注）的摩尔分数逐渐增加。且从油样 A~F，油样黏度逐渐增大。

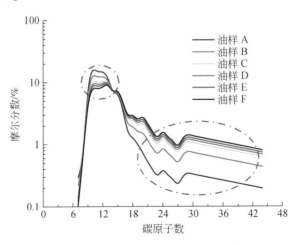

图 2-40　不同油样的单碳数组分分布

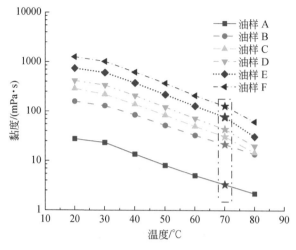

图 2-41 不同油样的黏温曲线

不同原油性质下 CO_2 扩散实验压力曲线如图 2-42 所示。在原油性质系列扩散实验中，分段拟合结果仍优于整体拟合的结果，2.4.3 节中的结论依然成立。

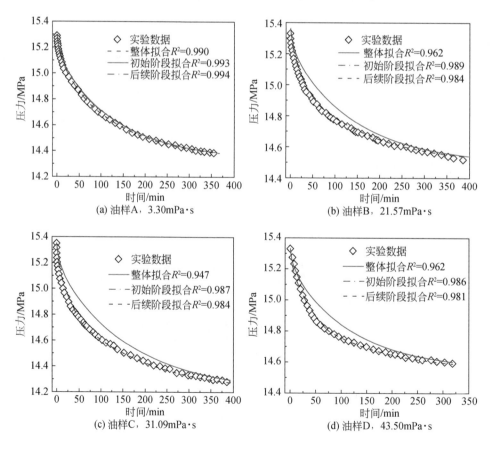

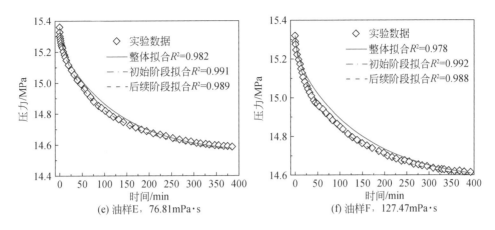

(e) 油样E，76.81mPa·s　　　　　(f) 油样F，127.47mPa·s

图 2-42　不同原油性质下 CO_2 扩散实验压力曲线

在不同油样中的 CO_2 扩散系数如图 2-43 所示，由图可知，从油样 A ~ F，CO_2 扩散系数逐渐降低。分段拟合结果表明，从油样 A ~ F，初始阶段拟合的 CO_2 扩散系数从 $128.92 \times 10^{-10} \text{m}^2/\text{s}$ 下降到 $74.94 \times 10^{-10} \text{m}^2/\text{s}$；后续阶段拟合的 CO_2 扩散系数从 $89.46 \times 10^{-10} \text{m}^2/\text{s}$ 下降到 $39.39 \times 10^{-10} \text{m}^2/\text{s}$。整体拟合结果表明，从油样 A ~ F，$CO_2$ 扩散系数从 $107.89 \times 10^{-10} \text{m}^2/\text{s}$ 下降到 $55.33 \times 10^{-10} \text{m}^2/\text{s}$。

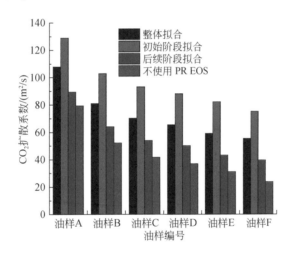

图 2-43　在不同油样中的 CO_2 扩散系数

CO_2 扩散系数的下降可归因于以下两个因素。

第一，从油样 A ~ F，原油黏度明显增大，增加了 CO_2 在饱和油致密岩心中的扩散阻力，从而使扩散系数出现明显下降。图 2-44 表现了 CO_2 扩散系数随原油黏度的变化趋势，可以明显看出在半对数坐标轴下，CO_2 的扩散系数随原油黏度增大呈近似线性下降的趋势。

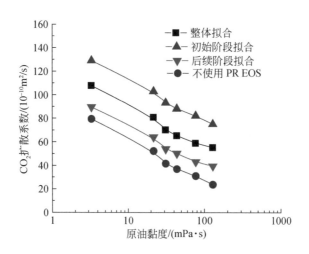

图 2-44　原油黏度对 CO_2 扩散系数的影响

此外，国内外学者也认为扩散系数与黏度之间存在紧密联系，并提出了相应的指数模型［式（2-43）］，认为在外界条件不变的情况下，扩散系数的变化可完全归因于液相黏度。

$$D = a\mu^{-b} \tag{2-43}$$

式中，D 为扩散系数，m^2/s；μ 为体相黏度，$mPa\cdot s$；a，b 为常量。

本节中选取经典的指数模型和半对数坐标下线模型对整体拟合的结果进行了回归，如图 2-45 所示。对比两种模型的拟合优度发现，两种模型都具有较好的回归效果，但线性模型的拟合优度更高。这说明，对于 CO_2-原油体系，CO_2 扩散系数的变化不能完全归因于原油黏度变化，原油其他性质的改变也会引起 CO_2 扩散系数的变化。

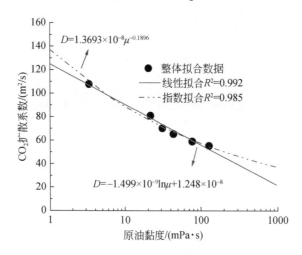

图 2-45　CO_2 在不同原油黏度中的扩散系数拟合结果

第二，原油中的重组分变化会引起 CO_2 扩散系数的改变。根据图 2-43，从油样 A ~ F，油样中的重质组分明显增多。图 2-46 展示了 6 种油样经模型转化为拟组分后，各个拟组

分在实验条件下对 CO_2 的溶解能力，由图可知，随着重组分的增加，油样 A ~ F 对原油的溶解能力逐渐变差，增大了 CO_2 向油相中的扩散阻力，从而促进了扩散系数的减小（Yang and Gu，2008）。

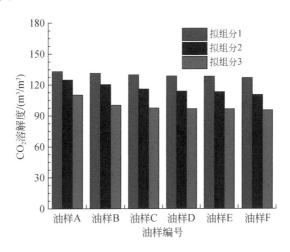

图 2-46　不同油样中的拟组分对 CO_2 的溶解能力

2.4.5　渗透率对 CO_2 扩散系数的影响

多孔介质中的固体骨架结构使 CO_2 的扩散路径变得更为曲折复杂，而不同的渗透率的岩心具有不同尺寸的孔隙通道和不同的迂曲度，因此 CO_2 在不同渗透率的饱和油岩心中的扩散过程也存在差异。为探究不同渗透率条件对 CO_2 扩散系数的影响，本节中选取不同渗透率的岩心进行了 8 组 CO_2 扩散实验。每组实验的具体实验条件见表 2-8。

表 2-8　渗透率系列扩散实验具体参数

岩心编号	岩心直径/mm	岩心长度/mm	渗透率/$10^{-3}\mu m^2$	孔隙度/%	初始压力/MPa	温度/℃
19	38.12	89.52	0.104	4.82	15.32	70
20	38.08	89.40	0.457	4.29	15.24	70
21	38.11	90.38	4.372	8.92	15.31	70
22	38.12	89.16	9.513	11.73	15.28	70
23	38.06	89.34	15.262	9.66	15.22	70
24	38.09	90.24	61.307	10.39	15.33	70
25	38.08	89.82	99.872	11.05	15.26	70
26	38.10	89.44	301.541	15.40	15.34	70

CO_2 在具有不同渗透率的饱和油岩心中扩散的压力曲线如图 2-47 所示，可见整体拟

合曲线在扩散的中期阶段与实验数据存在明显的偏离现象，而分段拟合曲线与实验数据的贴合性更明显。根据拟合曲线与实验数据曲线的重合情况以及各曲线的拟合优度可知，在渗透率不同的岩心中，分段拟合结果要优于整体拟合结果。本节中的结论在不同渗透率的岩心中依然具有普适性。

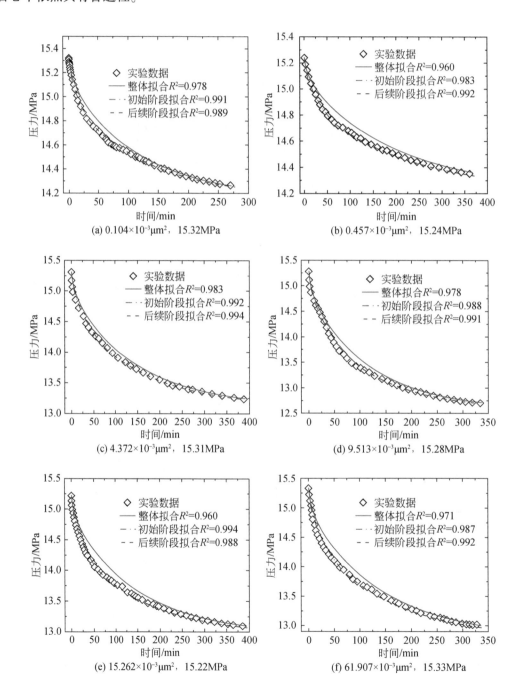

(a) $0.104 \times 10^{-3} \mu m^2$，15.32MPa

(b) $0.457 \times 10^{-3} \mu m^2$，15.24MPa

(c) $4.372 \times 10^{-3} \mu m^2$，15.31MPa

(d) $9.513 \times 10^{-3} \mu m^2$，15.28MPa

(e) $15.262 \times 10^{-3} \mu m^2$，15.22MPa

(f) $61.907 \times 10^{-3} \mu m^2$，15.33MPa

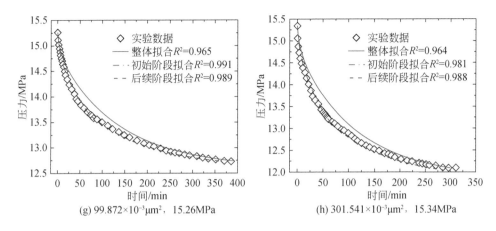

(g) 99.872×10⁻³μm², 15.26MPa　　(h) 301.541×10⁻³μm², 15.34MPa

图 2-47　不同渗透率下 CO₂ 扩散实验压力曲线

渗透率对 CO₂ 在含油多孔介质内扩散系数的影响如图 2-48 所示，由图可知，当渗透率小于 $10×10^{-3}μm^2$ 时，CO₂ 扩散系数会随渗透率的增大而逐渐增大；当岩心渗透率超过 $10×10^{-3}μm^2$ 后，CO₂ 扩散系数增大趋势放缓，基本保持稳定。分段拟合结果表明，在实验范围内，随岩心渗透率增大，初始阶段 CO₂ 扩散系数由 $126.76×10^{-10}m^2/s$ 上升到 $206.66×10^{-10}m^2/s$；后续阶段 CO₂ 扩散系数由 $88.33×10^{-10}m^2/s$ 上升到 $161.11×10^{-10}m^2/s$。整体拟合结果表明，在实验范围内，随岩心渗透率增大，CO₂ 扩散系数由 $102.76×10^{-10}m^2/s$ 上升至 $184.82×10^{-10}m^2/s$。

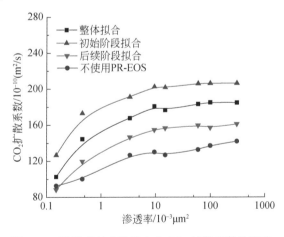

图 2-48　渗透率对含油岩心中 CO₂ 扩散系数的影响

渗透率对饱和油多孔介质中 CO₂ 扩散系数的影响规律可归为以下两个因素。

第一，随岩心渗透率增大，岩心中孔径的尺寸逐渐变大，孔隙壁面对 CO₂ 传质过程的影响逐渐减少。图 2-49 为不同渗透率岩心的孔径分布曲线，通过岩心压汞实验测量得到。当岩心渗透率不超过 $10×10^{-3}μm^2$ 时，岩心内的大部分孔隙的半径要小于 $1μm$；而当渗透率高于 $10×10^{-3}μm^2$ 时，大部分通道的半径超过 $1μm$。有学者指出，当多孔介质孔隙半径

小于 $1\mu m$ 时，孔隙壁面对分子的扩散运动存在抑制作用，且抑制作用随着孔径的减小越发明显；而当孔隙半径超过 $1\mu m$ 时，岩石壁面对传质过程的影响则可忽略。本节中的实验结果与该理论存在很好的对应性，当渗透率小于 $10\times10^{-3}\mu m^2$ 时，固体壁面的阻碍作用不可忽略，在岩心中的 CO_2 扩散系数较小，且随着渗透率的增大逐渐增大。而当岩心渗透率超过 $10\times10^{-3}\mu m^2$ 后，大部分孔隙通道的半径均超过 $1\mu m$，渗透率继续增大对传质过程的促进作用不再明显，因此 CO_2 扩散系数的增长趋势放缓。

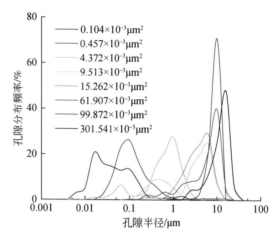

图 2-49　不同渗透率岩心的孔径分布

第二，随岩心渗透率增大，岩心内孔隙的曲折程度逐渐降低，有利于 CO_2 在饱和油岩心内的扩散。图 2-50 中展示了不同渗透率岩心的中值半径与结构系数，由图可知，随渗透率增大，岩心的中值半径逐渐增大，说明孔隙通道逐渐加宽；而岩心的结构系数逐渐减小，说明岩心内孔隙的曲折程度有所降低，从而使 CO_2 扩散系数增大。当渗透率超过 $10\times10^{-3}\mu m^2$ 后，岩心结构系数的降低幅度有限，从而使 CO_2 扩散系数的增大趋势减缓。

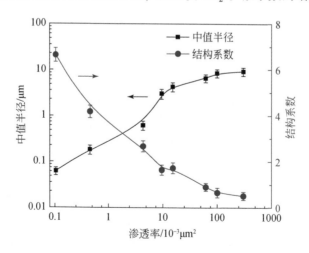

图 2-50　不同渗透率岩心的中值半径及结构系数

2.5　CO_2 扩散浓度场及沿程原油物性预测

CO_2 提高采收率技术的关键是让原油中的 CO_2 达到一定的浓度，从而有效改善原油物性，有利于油气渗流和开采。因此对 CO_2 在储层中扩散程度的预测成为评估 CO_2 提高采收率技术效果、优化施工工艺的重要手段（Dyer *et al.*, 1994）。通过建立准确的 CO_2 扩散浓度场预测模型，能够得到不同施工时间下 CO_2 的波及区域及波及区域内 CO_2 的浓度，进而结合状态方程对波及区内的原油物性进行实时预测。这对优化施工工艺，精细施工管理具有积极的指导意义。

将扩散模型反演，根据室内实验测得的 CO_2 扩散系数，对实际压裂后致密油储层 CO_2 扩散过程进行模拟，建立 CO_2 在致密油储层中扩散进程的预测机制，在明确 CO_2 注入量的前提下，可对焖井时间、动用范围、原油物性等参数进行预测，对现场 CO_2 吞吐工艺提供理论指导。

针对无限大平板模型，反演得到的预测数学模型如式（2-44）所示。

$$\begin{cases} \dfrac{\partial \bar{c}}{\partial \tau} = \dfrac{\partial^2 \bar{c}}{\partial \bar{x}^2} - \bar{c}\dfrac{\partial \bar{u}}{\partial \bar{x}} - \bar{u}\dfrac{\partial \bar{c}}{\partial \bar{x}} \\[2mm] \bar{u} = 0, \dfrac{\partial \bar{c}}{\partial \bar{x}} = 0 \ (\bar{x}=0, \tau \geqslant 0) \\[2mm] \bar{c} = 1 \ (\bar{x}=1, \tau > 0) \\[2mm] \bar{u} = 0, \bar{c} = 1 \ (\bar{x}=1, \tau = 0) \\[2mm] \bar{u} = 0, \bar{c} = 0 \ (\bar{x}<1, \tau = 0) \end{cases} \tag{2-44}$$

通过求解数学模型，能够得到地层的无量纲 CO_2 浓度分布图（图 2-51），结合室内实验测得的不同温度、压力条件下 CO_2 扩散系数以及实际地层边界条件，可将无量纲图版有量纲化，形成针对现场实际生产的 CO_2 浓度预测图。其能够较为准确地预测不同的油藏环境及焖井时间下，CO_2 扩散的前缘与可动用范围，以及可动用范围内 CO_2 的浓度分布情况，如图 2-52 所示。进而可以对现场调整 CO_2 吞吐作业的焖井时间，优化吞吐工艺，并对其进行有效的指导。

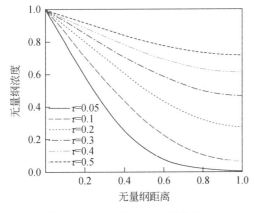

图 2-51　无量纲 CO_2 浓度分布图

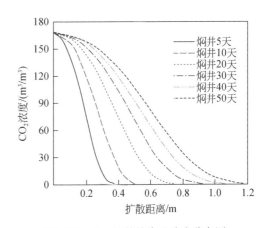

图 2-52　CO_2 扩散前缘及浓度分布图

此外，根据以上结果可结合 PR EOS 或其他状态方程对地层不同点处的原油物性进行预测，从而得到地层内不同空间点的原油物性（图2-53），对提高油藏模拟的精确程度具有积极意义。

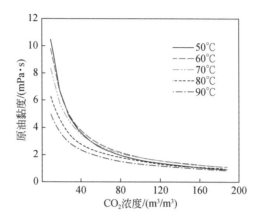

图 2-53　不同 CO_2 浓度下原油黏度

2.6　致密油储层 CO_2 吞吐提高采收率潜力及控制模式

本实验在75℃、32MPa 条件下进行，CO_2 吞吐实验流程如图 2-54 所示，实验过程如下：
（1）将地层水以 0.05mL/min 恒速注入岩心，测定岩心孔隙度、渗透率；

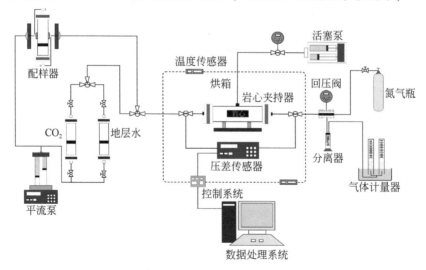

图 2-54　CO_2 吞吐实验流程图

（2）将含气原油（活油）以 0.01mL/min 的速度注入岩心，模拟原始含油饱和度和束缚水饱和度；
（3）将压力衰减至指定试验压力后，恒速注入 CO_2，待压力稳定后焖井8h；

（4）开井生产，压力衰减至 10MPa 时停止实验，记录产油量；

（5）每组实验结束后，用石油醚和地层水清洗岩心，直至岩心渗透率恢复到初始状态。

实验结果表明，CO_2 注入后会导致体系压力上升，增压效果随着实验压力增大而增大，如图 2-55 所示。原油的累计采出程度与采油速度随实验压力的变化情况如图 2-56 所示。

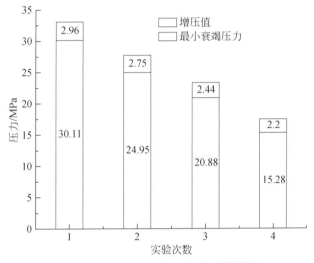

图 2-55　注入 CO_2 后岩心压力变化情况

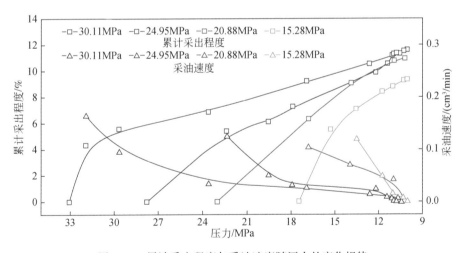

图 2-56　累计采出程度与采油速度随压力的变化规律

随着实验压力的减小，原油累计采出程度先增加，后减少，在 20.88MPa 左右时达到最大，而气体利用率随着实验压力减小而减小，结果如图 2-57 所示。

随着 CO_2 注入量的增加，原油累计采出程度与体系压力都有所增加，而采油速度在初期则下降明显，表明增加 CO_2 注入量，驱油效率增加明显，气油比的变化不明显，平均气油比增加明显，而当 CO_2 注入量达到饱和状态后，气体利用率将不再变化。CO_2 注入量对不同参数的影响如图 2-58 所示。

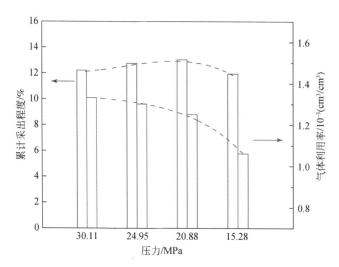

图 2-57　累计采出程度与气体利用率随实验压力变化规律

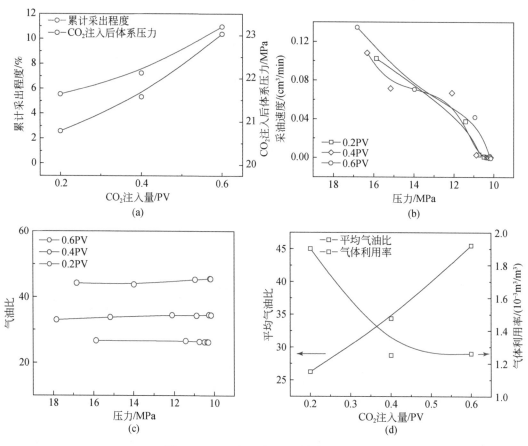

图 2-58　CO_2 注入量对不同参数的影响

不同的注气方式下，采油速度随着岩心压力的变化规律如图 2-59 所示。对三种注气方式进行综合分析，结果如图 2-60 所示，采用连续注气方式实验，气体利用率最高，原油累计采出程度效果最佳；采用多级注气方式实验，气体利用率最低，原油累计采出程度效果最差。

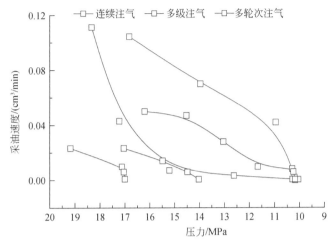

图 2-59　不同的注气方式下采油速度随着岩心压力的变化规律

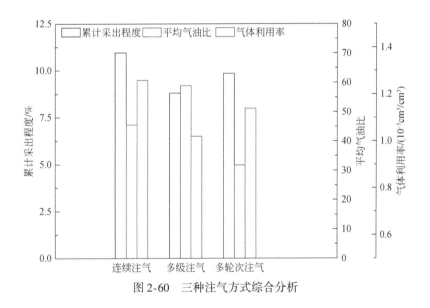

图 2-60　三种注气方式综合分析

2.7　致密油储层 CO₂ 驱替提高采收率

2.7.1　CO₂ 岩心驱替提高采收率规律

CO₂ 驱替实验流程图如图 2-61 所示，具体实验步骤：

（1）将岩心烘干称重，计量岩心的气测孔隙度和气测渗透率；

（2）采用地层水饱和岩心，计量岩心液测孔隙度和液测渗透率；

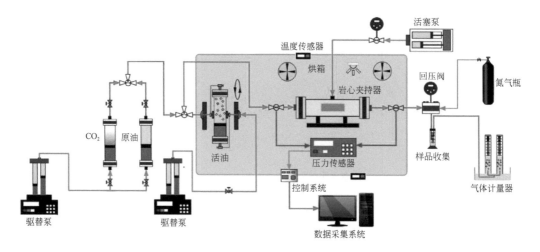

图 2-61 CO_2 驱替实验流程图

（3）按照 17∶1 的比例配制含气原油；

（4）采用 0.01mL/min 的速度注入含气原油饱和岩心，并计算含油饱和度；

（5）采用 0.1mL/min 的速度注入超临界 CO_2 进行驱替实验，记录采收率、采出气油比、注 CO_2 压差等参数；

（6）用石油醚清洗岩心（沥青质不溶于石油醚）后，再用水清洗岩心；

（7）烘干岩心，计量实验后岩心的气测孔隙度和气测渗透率。

实验前后岩心对比如图 2-62 所示。

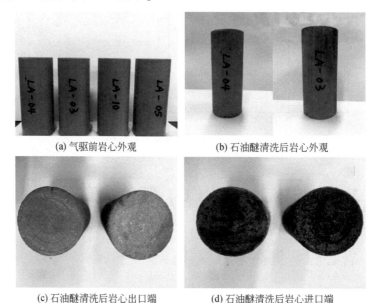

(a) 气驱前岩心外观   (b) 石油醚清洗后岩心外观

(c) 石油醚清洗后岩心出口端   (d) 石油醚清洗后岩心进口端

图 2-62   实验前后岩心对比图

实验的温度设置为 75℃，LA-03 和 LA-04 的回压分别为 25MPa 和 17MPa，其他基本参数见表 2-9。

表 2-9 驱替实验基本参数

编号	直径/cm	长度/cm	液测孔隙度/%	含油饱和度%	气测渗透率/$10^{-3}\mu m^2$	CO₂ 驱后气测渗透率/$10^{-3}\mu m^2$	最终采出程度/%
LA-03	3.800	9.037	12.17	88.74	0.890	0.404	41.67
LA-04	3.804	9.038	12.16	87.17	0.899	0.497	34.91

当回压为 25MPa 时，原油的采出程度要高于回压为 17MPa 时的采出程度，大约为 41.67%，高出 6.7%。并且回压越大，采出程度突增时对应 CO₂ 注入量越多，在此条件下油气比也同时突增，而回压越低，注 CO₂ 两端的压差越小。当注完 CO₂ 后，可以发现气测渗透率明显下降，且回压为 25MPa 的情况下注 CO₂ 导致的渗透率损伤要高于 17MPa 时的，具体数据如图 2-63 所示。

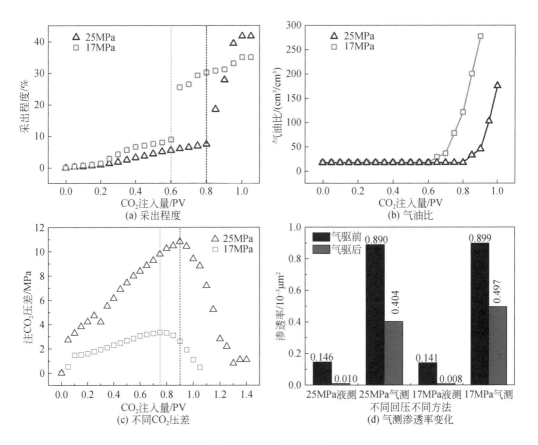

图 2-63 CO₂ 驱替实验

2.7.2 致密油储层 CO_2 驱油机理研究

本实验采用高温高压在线核磁共振岩心分析系统（MacroMR12-150H-I），对致密砂岩注气过程中岩心的残余油饱和度变化情况，以及不同孔隙内的原油采收率规律做了深入研究。实验压力为32MPa，温度为75℃，流速为0.1mL/min。岩心物性参数见表2-10，所用气体/原油在75℃、32MPa条件下的物性参数见表2-11，原油碳数分布图如2-64所示。细管实验结果表明原油与 CO_2 的最小混相压力约25MPa。

表 2-10 岩心物性参数

岩心	长度/cm	直径/cm	渗透率/$10^{-3}\mu m^2$	孔隙度/%	实验方式
#1	5.01	2.50	0.883	12.3	N_2 驱
#2	5.00	2.50	0.945	14.2	CO_2 驱

表 2-11 实验条件下所用气体/原油物性参数表

气体/原油	黏度/(mPa·s)	密度/(g/cm³)	分子直径/nm
原油	1.19	0.813	—
N_2	0.029	0.276	0.304
CO_2	0.081	0.758	0.330

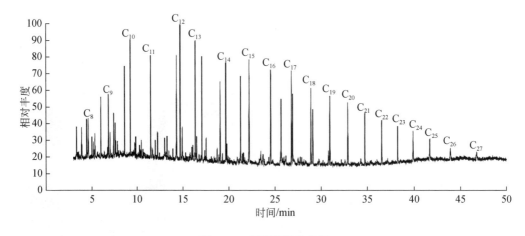

图 2-64 原油碳数分布图

在线核磁测试装置简图如图2-65所示，具体实验过程如下：

（1）将清洗烘干后的岩心置于热缩管中，然后用热风枪均匀地热缩，如图2-66所示；

（2）将热缩好的岩心放在岩心夹持器中，然后在32MPa，75℃条件下饱和原油48h；

（3）实验前进行岩心含油饱和状态下 T_2 谱、一维频率编码以及初始状态下岩心扫描成像采集；

（4）将 N_2/CO_2 在 32MPa 条件下，以 0.1mL/min 的速度注入夹持器内，同时采集实验过程中的 T_2 谱，进行一维频率编码；

（5）当 T_2 谱不再发生变化时，实验结束，同时采集最终状态下的岩心扫描成像。

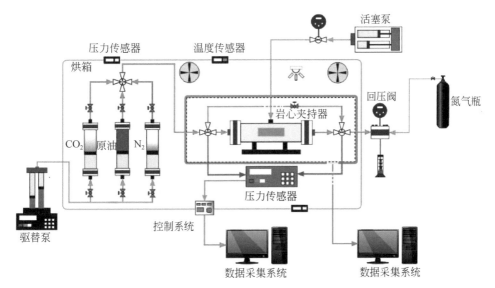

图 2-65　在线核磁测试装置简图

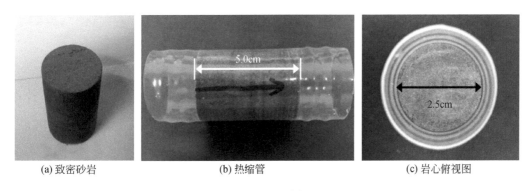

(a) 致密砂岩　　　　　　　(b) 热缩管　　　　　　　(c) 岩心俯视图

图 2-66　岩心实物图

1. 致密砂岩 N_2 驱

对 1 号岩心进行压汞测试，得到其孔径分布图，如图 2-67 所示，结果表明 1 号致密砂岩的孔隙半径主要分布在 0.004~1.000μm。随着驱替的进行，岩心大孔隙、小孔隙含油饱和度逐渐降低，T_2 谱大小孔隙信号值下降明显，如图 2-68 所示；岩心一维频率信号值随着驱替时间增加而降低，如图 2-69 所示。实验进行到 62min 左右时，岩心大孔隙内的含油饱和度基本不再变化，而小孔隙内的含油饱和度进一步降低，直至进行到 107 min 时，大孔隙、小孔隙内的含油饱和度不再变化，最终采出程度约为 35.12%。实验过程中不同孔隙采出程度变化如图 2-70 所示，N_2 驱实验前后岩心扫描成像如图 2-71 所示。

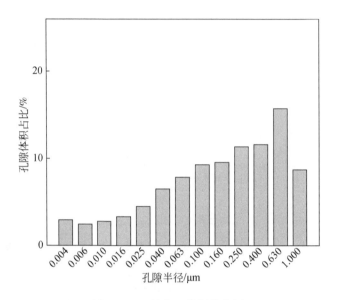

图 2-67　1 号岩心孔径分布图

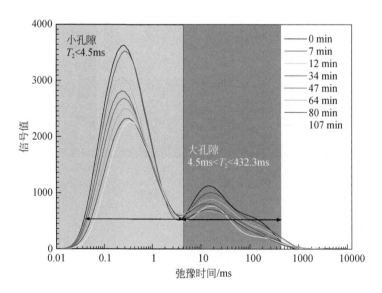

图 2-68　N_2 驱过程中岩心 T_2 谱变化情况

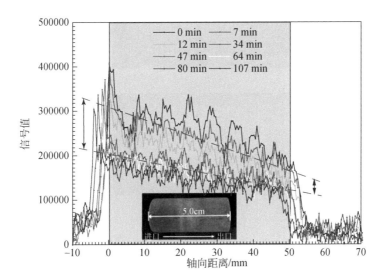

图 2-69　N$_2$驱过程中岩心一维频率信号值变化情况

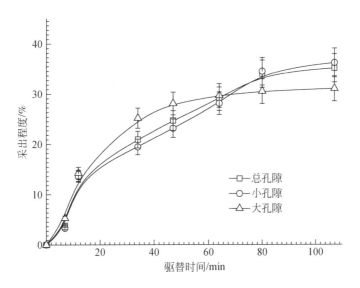

图 2-70　N$_2$驱过程中不同孔隙内采出程度的变化情况

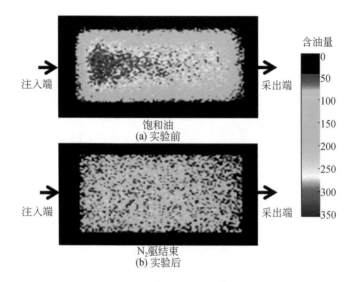

图 2-71　N_2 驱实验前后岩心扫描成像图

数值大，表示含油量高

2. 致密砂岩 CO_2 驱

对 2 号岩样进行压汞测试，得到其岩心孔径分布图，如图 2-72 所示。实验开始后，与 N_2 驱不同，CO_2 驱大孔隙内含油饱和度迅速下降；60min 后，大小孔隙含油饱和度趋于稳定，一维频率信号值稳定，最终采出程度约为 38.40%。实验过程中岩心 T_2 谱变化规律如图 2-73 所示；一维频率信号值变化如图 2-74 所示；不同孔隙内的采出程度变化如图 2-75 所示；CO_2 驱实验前后岩心扫描成像图如图 2-76 所示。

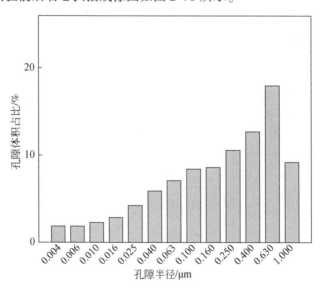

图 2-72　2 号岩心孔径分布图

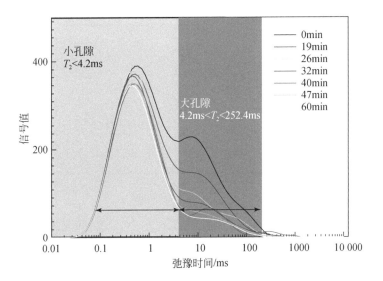

图 2-73　CO₂ 驱过程中岩心 T_2 谱变化情况

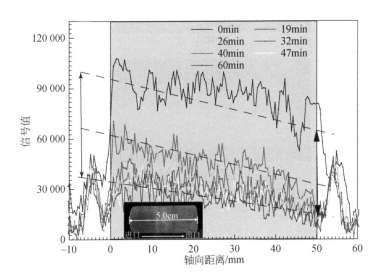

图 2-74　CO₂ 驱过程中岩心一维频率信号值变化情况

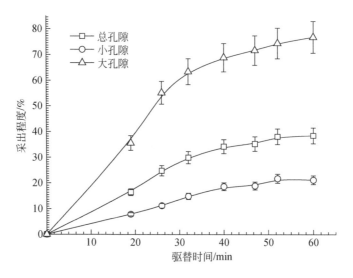

图 2-75　CO_2 驱过程中岩心不同孔隙内采出程度的变化情况

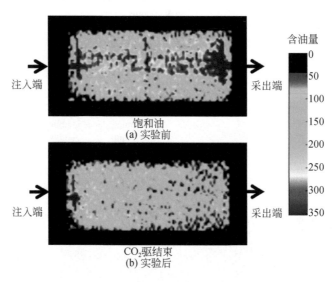

图 2-76　CO_2 驱实验前后岩心扫描成像图

数值大，表示含油量高

实验结果表明，N_2 驱最终采收率约为 35.12%，CO_2 驱最终采收率约为 38.40%，在本实验条件下（32MPa、75℃），CO_2 为超临界状态，具有较强的传质扩散能力，且实验压力高于原油与 CO_2 的最小混相压力（25MPa），在 CO_2 驱过程中驱替前缘易形成混相；而 N_2 在同等条件下较难与原油混相，同时 CO_2 与原油之间的相互作用强于 N_2，因此 CO_2 驱采收率高于 N_2 驱（Zhang and Gu，2016）。从本实验结果来看，N_2 在小孔隙内驱油效果好于 CO_2，原因是实验所用岩心为低渗致密砂岩，孔隙多为微纳米级孔隙，CO_2 与原油在小孔隙内未能实现混相，而 N_2 具有较强的保压能力，且其在原油中的溶解度远低于 CO_2；在

75℃、32MPa 条件下，N₂ 的分子直径、黏度、密度均小于 CO₂，即在同等条件下，进入小孔隙的 N₂ 分子较 CO₂ 分子多，故 N₂ 在小孔隙内的驱油效果优于 CO₂ 驱。对比 N₂、CO₂ 驱过程中 T_2 谱图可知，在 CO₂ 驱过程中大孔隙里的剩余油弛豫时间明显降低，所以 T_2 谱峰左移，接近单峰分布；而 N₂ 驱过程中 T_2 谱双峰均有所下降，但双峰均存在。通过对比 N₂、CO₂ 驱过程中的一维频率编码发现，CO₂ 驱过程中岩心轴向上含油饱和度下降幅度较 N₂ 驱更为均匀，且对比

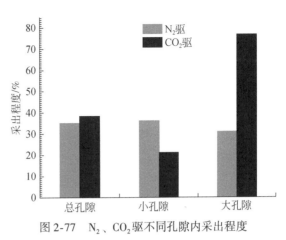

图 2-77　N₂、CO₂ 驱不同孔隙内采出程度

N₂、CO₂ 驱实验岩心扫描成像也发现 CO₂ 驱结束剩余油分布较 N₂ 驱更为均匀，这表明 CO₂ 在驱油的过程中波及效率高于 N₂，剩余油分布更为均匀（Holm and Josendal，1974）。N₂、CO₂ 驱不同孔隙内采出程度变化情况如图 2-77 所示，不同孔隙内驱油机理如图 2-78 所示。

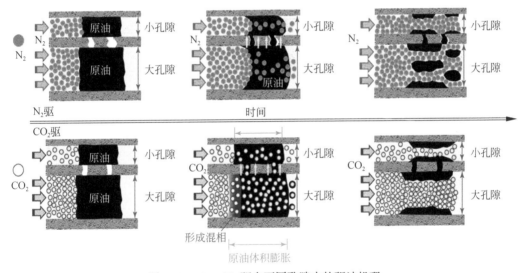

图 2-78　N₂、CO₂ 驱在不同孔隙内的驱油机理

2.7.3　裂缝型油藏基质–裂缝传质机理研究

本实验采用高温高压在线核磁共振岩心分析系统（MacroMR12-150H-Ⅰ），对裂缝型油藏吞吐过程中剩余油饱和度变化、不同孔隙中采收率的规律以及焖井过程中基质–裂缝的传质规律做了详细研究。实验在 75℃、32MPa 下进行，所用原油与 2.7.2 节部分相同，所用岩心物性参数见表 2-12。

表 2-12 吞吐实验岩心物性参数

岩心	长度/cm	直径/cm	渗透率/$10^{-3}\mu m^2$	孔隙度/%
致密砂岩	4.35	2.50	1.154	13.3

在线核磁测试装置简图如图 2-79 所示，具体实验过程如下：

（1）将清洗烘干后的岩心放入抽真空饱和装置内饱和原油；

（2）将饱和好原油的岩心置于热缩管中，然后用热风枪均匀热缩，如图 2-80 所示；

（3）将热缩好的岩心放在岩心夹持器中，将体系升温至 75℃，进行岩心含油饱和状态下 T_2 谱采集，以及初始状态下岩心扫描成像采集；

（4）将 CO_2 快速注入夹持器内，直至夹持器内压力上升为 32MPa；

（5）关闭入口端开始焖井，同时采集实验过程中的 T_2 谱，直至 T_2 谱图基本不变时停止焖井，采集岩心扫描成像图；

（6）开井生产，缓慢降低体系压力，进行岩心 T_2 谱、成像采集；

（7）重复过程（4）~（6），直至降压过程 T_2 谱不再变化，实验结束。

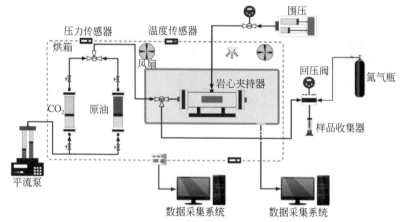

图 2-79 在线核磁测试装置简图

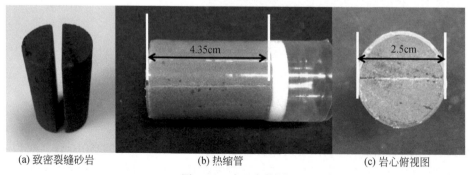

(a) 致密裂缝砂岩   (b) 热缩管   (c) 岩心俯视图

图 2-80 岩心实物图

实验结果表明，随着吞吐轮次的增加，岩心 T_2 谱信号值不断降低，且大孔隙信号值下降明显，如图 2-81 所示。CO_2 吞吐过程中基质含油饱和度变化如图 2-82 所示，从图中可以看出基质内的含油饱和度随着吞吐轮次增加不断降低。整个实验过程中最终小孔隙采出程度为 5.95%，最终大孔隙采出程度为 46.22%，最终总采出程度为 35.31%，如图 2-83 所示。对三次降压过程中产出原油进行气相色谱–质谱分析，如图 2-84 所示，实验结果表明，第一轮次吞吐结束后原油重质组分含量明显减少，而第二、第三轮次吞吐变化较小。三次降压过程中岩心成像图如图 2-85 所示。

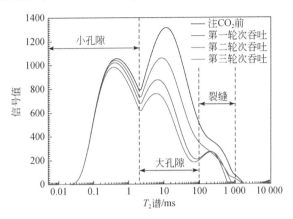

图 2-81　三次降压过程中 T_2 谱变化情况

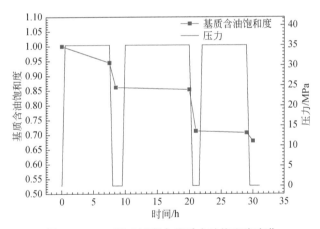

图 2-82　CO₂ 吞吐过程中基质含油饱和度变化

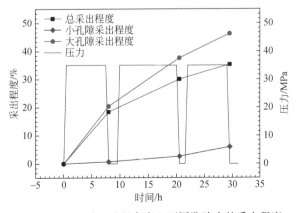

图 2-83　CO₂ 吞吐过程中岩心不同孔隙内的采出程度

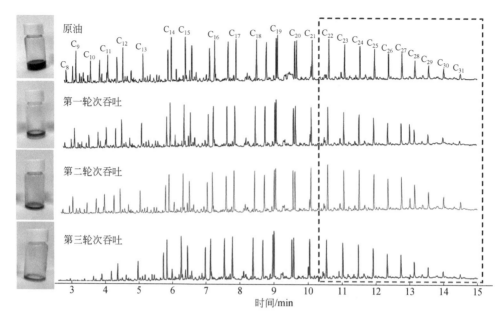

图2-84　三轮次吞吐过程中原油碳数分布图

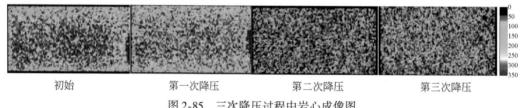

初始　　　　　　第一次降压　　　　　　第二次降压　　　　　　第三次降压

图2-85　三次降压过程中岩心成像图

1. 第一轮次吞吐

第一轮次吞吐过程中岩心 T_2 谱变化如图2-86所示，注 CO_2 开始后，岩心 T_2 谱信号值明显降低，结合图2-87，基质含油饱和度也在注 CO_2 阶段明显降低，说明在注 CO_2 阶段，

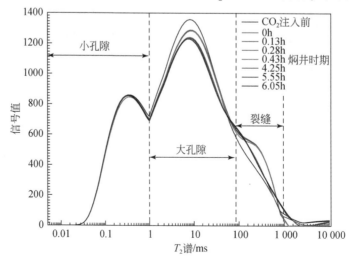

图2-86　第一轮次吞吐过程中岩心 T_2 谱变化

增压作用使得 CO_2 进入裂缝附近的基质，从而驱替基质中原油至裂缝中。在焖井阶段，由于扩散作用，CO_2 逐渐溶解至原油中导致原油膨胀，使基质内的原油被挤出，流向裂缝；另外 CO_2 的抽提作用也会挟带部分原油中的轻质组分至裂缝中，这是第一轮次吞吐过程中裂缝–基质传质的主要机理。裂缝附近基质内的油流向裂缝后饱和度下降，基质内原油的浓度梯度使原油进一步流向裂缝，另外毛管力的作用也会对该过程产生影响（Wen *et al.*，2004；Wen *et al.*，2005）。

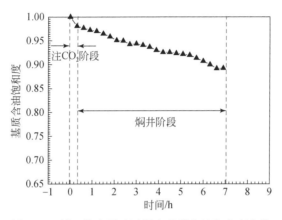

图 2-87　第一轮次吞吐过程中基质含油饱和度变化

2. 第二、第三轮次吞吐

第二轮次吞吐过程中注 CO_2 阶段 T_2 谱信号值明显下降，如图 2-88 所示，图 2-89 为焖井中基质含油饱和度变化。和第一轮次吞吐类似，注 CO_2 阶段的驱替作用使得基质中的原油流向裂缝。而焖井阶段的 T_2 谱信号值和基质含油饱和度基本不变，表明此阶段 CO_2 和原油的相互作用减弱，基质和裂缝间传质减少，注 CO_2 主要起到增压的作用。第三轮次吞吐过程中，如图 2-90 和图 2-91 所示，裂缝附近基质饱和度下降，注 CO_2 过程的驱替作用及

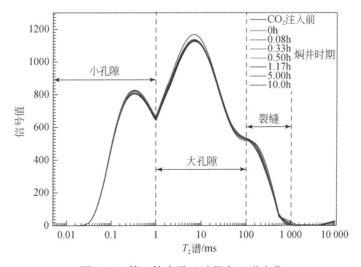

图 2-88　第二轮次吞吐过程中 T_2 谱变化

CO_2和原油的相互作用几乎可以忽略，因此，第三轮次吞吐 CO_2 的作用仅为增压（能）（Kavousi，2014）。图 2-92 为 CO_2吞吐过程中基质–裂缝传质机理图。

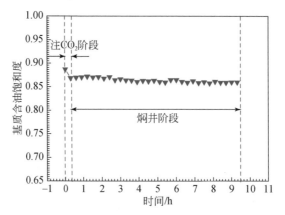

图 2-89　第二轮次吞吐过程中基质含油饱和度变化

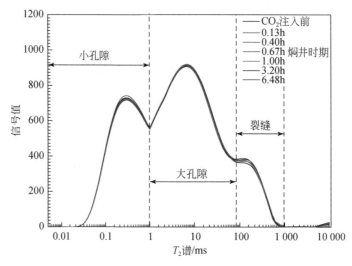

图 2-90　第三轮次吞吐过程中 T_2 谱图变化

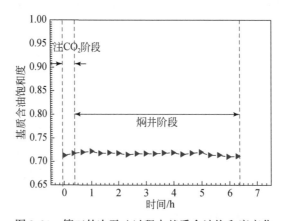

图 2-91　第三轮次吞吐过程中基质含油饱和度变化

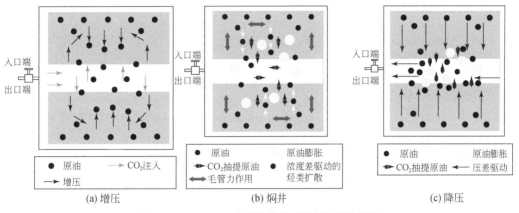

(a) 增压　　　　　　　(b) 焖井　　　　　　　(c) 降压

图 2-92　CO_2 吞吐过程中基质–裂缝传质机理图

2.8　小　　结

1. 在致密油藏开发过程中，注 CO_2 可以有效改善致密油物性，但随着压力增加和 CO_2 浓度的升高，沥青质的相对沉积量也会加大，伤害储层孔喉结构，影响油气流动。实验结果表明，在地层温度下，当压力达到 25MPa 时，沥青质的相对沉积量最大，低于该压力下，沥青质的相对沉积量较少。因此，致密油藏注入少量 CO_2 即可有效地降低致密油黏度，并控制沥青质的沉积，注 CO_2 开发具有一定的可行性。

2. 在静态溶蚀过程中，长石类矿物溶蚀现象明显，溶液中钾、钠离子含量显著上升，岩心表面润湿性逐渐向亲水性转变。在动态溶蚀过程中，黏土矿物可能发生运移，堵塞了孔道，但随着实验压力的增大，岩心渗透率增加。因此，致密油藏注 CO_2 可以使岩石表面更加亲水，且溶解了 CO_2 的地层水会溶蚀储层岩石，改善储层渗透率。

3. 建立了储层中 CO_2 扩散的物理和数学模型，研究表明，CO_2 在饱和油致密多孔介质中的扩散过程划分为两个阶段：扩散速度较快的初始阶段与扩散速度较慢的后续阶段。根据模型求解得到 CO_2 浓度场，还可结合 PR EOS 或其他状态方程得到地层不同点处的原油物性预测，对提高油藏模拟的精确具有积极意义。

4. 随着 CO_2 注入量的增加，驱油效率增加明显，当 CO_2 注入量达到饱和状态后，气体利用率将不再变化。综合对比分析三种注气方式实验，采用连续注气方式时，气体利用率最高，原油采出程度效果最佳；采用多级注气方式时，气体利用率最低，原油采出程度效果最差。

5. 采用核磁对比分析 N_2、CO_2 驱对于致密油储层的采出程度影响，在实验条件下（32MPa、75℃），CO_2 驱最终采出程度约为 38.40%，优于 N_2 驱最终采出程度为 35.12%，超临界状态下 CO_2 具有较强的传质扩散能力，且实验压力高于原油与 CO_2 的最小混相压力（25MPa），在 CO_2 驱过程中驱替前缘易形成混相。在致密岩心的小孔隙内 CO_2 未形成混相，而 N_2 具有保压效果，小孔隙内 N_2 驱油效果好于 CO_2。因此，在致密油藏的开发过程中，注 CO_2 开发效果优于注 N_2。

参 考 文 献

Crank J. 1956. The mathematics of diffusion. Physics Bulletin, 7: 276-276.

Du F. 2016. An experimental study of carbon dioxide dissolution into a light crude oil. Regina: University of Regina.

Dyer S B, Huang S A. Farouq S M, et al. 1994. Phase behaviour and scaled model studies of prototype Saskatchewan heavy oils with carbon dioxide. Journal of Canadian Petroleum Technology, 33: 42-49.

Fernø M A, Eideø, Alcorn Z, et al. 2015. Visualization of carbon dioxide enhanced oil recovery by diffusion in fractured chalk. Society of Petroleum Engineers Journal, 21 (1): 112-120.

Ghanbarian B, Hunt A G, Ewing R P, et al. 2013. Tortuosity in porous media: a critical review. Soil Science Society of America Journal, 77 (5): 1461-1477.

Ghasemi M, Astutik W, Alavian S A, et al. 2017. Determining diffusion coefficients for carbon dioxide injection in oil-saturated chalk by use of a constant-volume-diffusion method. Society of Petroleum Engineers Journal, 22 (2): 505-520.

Gul A, Trivedi J. 2010. CO_2 based VAPEX for heavy oil recovery in fractured carbonate reservoirs. Oman: Society of Petroleum Engineers EOR Conference at Oil and Gas West Asia.

Hill E S, Lacey W N. 1934. Rate of solution of propane in quiescent liquid hydrocarbons. Industrial and Engineering Chemistry, 25 (9): 1014-1019.

Holm L M, Josendal V A. 1974. Mechanisms of oil displacement by carbon dioxide. Journal of Petroleum Technology, 26 (12): 1427-1438.

Hou S, Liu F, Wang S, et al. 2017. Coupled heat and moisture transfer in hollow concrete block wall filled with compressed straw bricks. Energy and Buildings, 135 (15): 74-84.

Jia Y, Bian H, Duveau G, et al. 2010. Numerical analysis of the thermo-hydromechanical behaviour of underground storages in hard rock. Shanghai: Geoshanghai International Conference.

Kavousi A. 2014. Dynamic and static CO_2 mass transfer processes in bulk heavy oil and heavy oil saturated porous media. Regina: University of Regina.

Kong B, Wang S, Chen S. 2016. Simulation and optimization of CO_2 huff-and-puff processes in tight oil reservoirs. Oklahoma: Society of Petroleum Engineers Improved Oil Recovery Conference.

Li H, Yang D. 2011. Modified α function for the Peng-Robinson equation of state to improve the vapor pressure prediction of non-hydrocarbon and hydrocarbon compounds. Energy and Fuels, 25 (1): 215-223.

Li H, Yang D. 2015. Determination of individual diffusion coefficients of solvent/CO_2 mixture in heavy oil with pressure-decay method. Society of Petroleum Engineers Journal, 21 (1): 131-143.

Li S, Li Z, Dong Q. 2016. Diffusion coefficients of supercritical CO_2 in oil-saturated cores under low permeability reservoir conditions. Journal of CO_2 Utilization, 14: 47-60.

Li Z, Dong M. 2009. Experimental Study of carbon dioxide diffusion in oil-saturated porous media under reservoir conditions. Industrial and Engineering Chemistry Research, 48 (20): 9307-9317.

Li Z, Gu Y. 2014. Soaking effect on miscible CO_2 flooding in a tight sandstone formation. Fuel, 134: 659-668.

Li Z, Dong M, Li S, et al. 2006. A new method for gas effective diffusion coefficient measurement in water-saturated porous rocks under high pressures. Journal of Porous Media, 9 (5): 445-461.

Luo P, Yang C, Gu Y. 2007. Enhanced solvent dissolution into in-situ upgraded heavy oil under different pressures. Fluid Phase Equilib, 252 (1-2): 143-151.

Lydonrochelle M T. 2009. Amine scrubbing for CO_2 capture. Science, 325 (5948): 1652-1654.

Mungan N. 1981. Carbon dioxide flooding-fundamentals. Journal of Canadian Petroleum Technology, 20 (1): 87-92.

Peng D, Robinson D B. 1976. A new two-constant equation of state. Industrial and Engineering Chemistry, 15 (1): 92-94.

Prausnitz J M, Lichtenthaler R N, Azevedo E G D. 1969. Molecular thermodynamics of fluid-phase equilibria. Ner Jersey: Prentice Hall PTR.

Pu W, Wei B, Jin F, et al. 2016. Experimental investigation of CO_2 huff-n-puff process for enhancing oil recovery in tight reservoirs. Chemical Engineering Research and Design, 111: 269-276.

Riazi M R. 1996. A new method for experimental measurement of diffusion coefficients in reservoir fluids. Journal of Petroleum Science and Engineering, 14(3-4): 235-250.

Rock W R B, Bryan L A. 1989. Summary results of CO_2 EOR field tests, 1972-1987. Colorado: Low permeability Reservoirs Symposium.

Rutqvist J. 2012. The geomechanics of CO_2 storage in deep sedimentary formations. Geotechnical and Geological Engineering, 30 (3): 525-551.

Simant R U A, Mehrotra A K. 2004. Experimental measurement of gas diffusivity in bitumen: results for carbon dioxide. Industrial and Engineering Chemistry Research, 39 (4): 1080-1087.

Sun H, Li H, Yang D. 2014. Coupling heat and mass transfer for a gas mixture-heavy oil system at high pressures and elevated temperatures. International Journal of Heat and Mass Transfer, 74: 173-184.

Tharanivasan A K, Yang C, Gu Y. 2006. Measurements of molecular diffusion coefficients of carbon dioxide, methane, and propane in heavy oil under reservoir conditions. Energy and Fuels, 20 (6): 2509-2517.

Tick G R, Mccoll C M, Yolcubal I, et al. 2007. Gas-phase diffusive tracer test for the in-situ measurement of tortuosity in the vadose zone. Water Air and Soil Pollution, 184 (1): 355-362.

Twu C H. 1983. Prediction of thermodynamic properties of normal paraffins using only normal boiling point. Fluid Phase Equilibria, 11 (1): 65-81.

Wen Y, Kantzas A. 2005. Monitoring bitumen-solvent interactions with low-field nuclear magnetic resonance and X-ray computer-assisted tomography. Energy and Fuels, 19 (4): 1319-1326.

Wen Y, Kantzas A, Wang G. 2004. Estimation of diffusion coefficients in bitumen solvent mixtures using X-Ray CAT scanning and low field NMR. Alberta: Canadian International Petroleum Conference.

Wen Y, Bryan J, Kantzas A. 2005. Estimation of diffusion coefficients in bitumen solvent mixtures as derived from low field NMR spectra. Journal of Canadian Petroleum Technology, 44: 29-35.

Wu R S, Batycky J P. 1988. Pseudocomponent characterization for hydrocarbon miscible displacement. Society of Petroleum Engineers Reservoir Engineering, 3 (3): 875-883.

Yang C, Gu Y. 2005. New experimental method for measuring gas diffusivity in heavy oil by the dynamic pendant drop volume analysis (DPDVA). Industrial and Engineering Chemistry Research, 44 (12): 4474-4483.

Yang C, Gu Y. 2006. A new method for measuring solvent diffusivity in heavy oil by dynamic pendant drop shape analysis (DPDSA). Society of Petroleum Engineers Journal, 11 (1): 48-57.

Yang D, Gu Y. 2004. Visualization of interfacial interactions of crude oil-CO_2 systems under reservoir conditions. Oklahoma: 14th Symposium on Improved Oil Recovery.

Yang D, Gu Y. 2008. Determination of diffusion coefficients and interface mass-transfer coefficients of the crude oil-CO_2 system by analysis of the dynamic and equilibrium interfacial tensions. Industrial and Engineering Chemistry Research, 47 (15): 5447-5455.

Yang Q, Zhong C, Chen J. 2011. Computational study of CO_2 storage in metal-organic frameworks. The Journal of

Physical Chemistry C, 112 (5): 1562-1569.

Zhang K, Gu Y. 2016. New qualitative and quantitative technical criteria for determining the minimum miscibility pressures (MMPs) with the rising-bubble apparatus (RBA). Fuel, 175: 172-181.

Zheng S, Yang D. 2013. Pressure maintenance and improving oil recovery by means of immiscible water-alternating-CO_2 processes in thin heavy-oil reservoirs. Society of Petroleum Engineers Reservoir Eval Eng, 16 (1): 60-71.

Zheng S, Li H, Sun H, et al. 2016a. Determination of diffusion coefficient for alkane solvent-CO_2 mixtures in heavy oil with consideration of swelling effect. Industrial and Engineering Chemistry Research, 55 (6) 1533-1549.

Zheng S, Sun H, Yang D. 2016b. Coupling heat and mass transfer for determining individual diffusion coefficient of a hot C_3H_8-CO_2 mixture in heavy oil under reservoir conditions. International Journal of Heat and Mass Transfer, 102: 251-263.

Zuo J, Zhang D, Dubost F, et al. 2011. Equation-of-state-based downhole fluid characterization. Society of Petroleum Engineers Journal, 16 (11): 115-124.

第3章 致密油储层功能纳米材料的研发及降压增注机理研究

近年来，非常规油气资源产量占油气总产量的比重越来越大，致密油储量在非常规油气资源中尤其丰富，但致密油储层渗透率低、孔喉结构复杂，开采过程中注水压力高、难注入，补充地层能量有限，最终常导致采收率较低。功能纳米材料应用于致密油储层的开发已成为当前的研究重点（程亚敏等，2006；Shokrlu and Babadagli，2014；Sayyadnejad et al.，2008）。水基功能纳米二氧化硅流体具有较好的适配功能，且界面活性高（崔长海等，2004；孙仁远和王磊，2008；朱红等，2006），注入地层后，吸附于岩石壁面，显著降低界面张力并实现岩石表面的润湿性转变，可实现注入降压增注和渗吸排油的双重作用（Friedheim et al.，2012；解小玲等，2007；Alimohammadi et al.，2013）。目前，对纳米二氧化硅的应用认识，主要集中在基于岩石润湿性改变后，产生的疏水滑移效应（郑强，2012；An et al.，2015；Huang and David，2015；唐一科等，2005），但其作用机理并不全面。因此，明确纳米二氧化硅流体降压增注与渗吸排油的机理，对致密油储层的开发至关重要。

本章针对致密油储层基质渗透率极低，注水压力高，地层能量难以补充的难题，研发了功能纳米材料，实现致密油储层注水降压增注及致密油高效渗吸排驱，揭示了致密油储层水基功能纳米二氧化硅流体降压增注规律，阐明了纳米二氧化硅流体渗吸排油作用机制，为致密油开发在油田的推广提供理论依据。

3.1 功能纳米二氧化硅材料的研制、表征及性能评价

3.1.1 功能纳米二氧化硅材料的研制

致密油储层注水（吞吐/驱）是补充地层能量的有效方式，但是基质渗透率极小，注水开发的压力较高，导致注入量有限，开发效果较差。相关研究表明孔喉表面在强亲水条件下不具备水流滑移效应（高瑞民，2004；杨灵信等，2003）；中性或弱疏水性的表面，水的滑移距离与剪切速率相关；而强疏水性的表面水流滑移距离较大与剪切速率无关（Feng et al.，2016；Bui and Akkutlu，2015；王长杰等，2008）。改变岩石表面活性的方法主要包括注入表面活性剂和纳米颗粒。注入表面活性剂可以改变岩石表面的润湿性，同时降低流体与岩石的界面张力，从而提高注水量（Osamah et al.，2015；史长平等，2007；Juliana et al.，2013；易华和张欣，2008；王芳辉等，2006）。疏水性纳米颗粒吸附层可以使岩石表面转变为强疏水，产生纳米效应的水流速度滑移，可以大幅降低渗流阻力（Ahmadi et al.，2013；洪祥珍，2004）。相关研究表明，使用纳米二氧化硅能够有效地降

低地层孔道水流阻力，降低注入压力，增大注水量，提高注入效益。纳米二氧化硅的粒子表面有强吸附能力的未饱和键（任坤峰等，2016a；陈玉祥等，2016；Qu et al.，2008；曹智等，2005），使其可在孔隙内扩散。在未饱和键、分子键和氢键的作用下，纳米二氧化硅粒子可取代已有水化膜，形成新吸附层（王健等，2018；侯军伟等，2014；Camilo et al.，2015；赵玉玲，2009），使岩石孔隙疏水，减小水与纳米二氧化硅吸附层间的接触面，减小流动阻力，使总体流速和流量显著升高，达到降压增注的目的。

1. 功能纳米二氧化硅材料的设计

二氧化硅的表面改性主要有物理改性和化学改性两种，化学改性性能稳定，易操作，因此本研究所采用的方法为化学改性（偶联剂反应法），如图 3-1 所示。

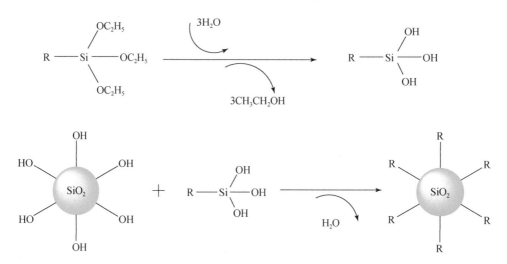

图 3-1　偶联剂反应法示意图

2. 功能纳米二氧化硅材料的制备

通过文献调研，设计了硅烷偶联剂改性纳米二氧化硅的反应（易华等，2005；易华和苏连江，2009；Liu et al.，2016；Peng et al.，2017）。纳米二氧化硅粒子是一种强亲水性物质，对环境的 pH 非常敏感，改变 pH 容易导致团聚（杨灵信等，2003；罗跃等，2008；史长平等，2007；Ghaithan et al.，2016）。称一定量的二氧化硅置于圆底烧瓶中，油浴干燥一定时间后，加入硅烷偶联剂，在一定温度下回流反应一段时间；抽滤反应后的分散液，并用无水乙醇洗涤 4~5 遍，将抽滤得到的滤饼在干燥箱中干燥并研磨即得到功能纳米二氧化硅材料。

优化得到功能纳米二氧化硅材料改性的最佳条件是在酸性条件下，纳米二氧化硅/硅烷偶联剂摩尔比为 1∶2 情况下反应 2h。

3. 分散剂的优选

分别选用不同类型的表面活性剂作为分散剂，将一定量水加入配料罐中，加入 0.1%的功能纳米二氧化硅材料，搅拌均匀后，加入 0.01%~0.5%的分散剂，搅拌 1h 至澄清透明，如图 3-2 所示。通过激光粒度分析仪测定不同硅烷偶联剂改性二氧化硅粒径分布范围，如图 3-3 所示，最终优选出非离子型表面活性剂 PEG600、TX-100 等作为分散剂。

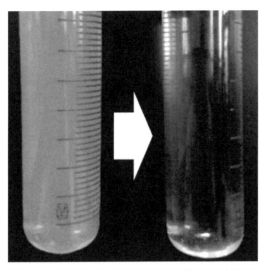

图 3-2　功能纳米二氧化硅材料分散前后效果图

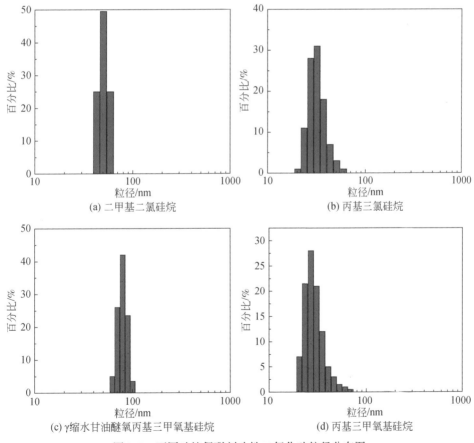

(a) 二甲基二氯硅烷

(b) 丙基三氯硅烷

(c) γ 缩水甘油醚氧丙基三甲氧基硅烷

(d) 丙基三甲氧基硅烷

图 3-3　不同硅烷偶联剂改性二氧化硅粒径分布图

3.1.2 功能纳米二氧化硅材料的表征

1. 表面羟基数的测定

称量 2.0g 功能纳米二氧化硅材料，加入 50mL 无水乙醇和 75mL 浓度 20% NaCl 溶液。用 0.1mol/L 的盐酸将其 pH 调至 4。然后用 0.1mol/L 的 NaOH 溶液将其 pH 调至 9，并静置 20s。按式（3-1）即可计算出纳米二氧化硅的表面羟基数（高瑞民，2004；任坤峰等，2016a；Paul and Robeson，2008；陈玉祥等，2016），结果见表 3-1。

$$N = \frac{CVN_A \times 10^3}{Sm} \tag{3-1}$$

式中，C 为 NaOH 的浓度；V 为滴定所用的 NaOH 的体积；N_A 为阿伏伽德罗常数；S 为纳米二氧化硅的比表面积，为 $352m^2/g$；m 为二氧化硅的质量。

表 3-1 不同硅烷偶联剂改性的纳米二氧化硅表面羟基数

样品	NaOH 体积/mL	样品质量/g	表面羟基数/nm^{-2}	表面羟基数减少百分比/%
二氧化硅（未改性）	15.00	2.00	1.28	0
乙烯基三乙氧基硅烷	2.60	2.00	0.44	65.33
3-氨丙基三乙氧基硅烷	3.00	2.00	0.51	60.00
γ 缩水甘油醚氧丙基三甲氧基硅烷	2.80	2.00	0.48	62.67
丙基三甲氧基硅烷	2.00	2.00	0.34	73.33
2-氨乙基–氨丙基三甲基硅烷	6.10	2.00	1.04	18.67
二甲基二氯硅烷	1.40	2.00	0.24	81.33
丙基三氯硅烷	2.30	2.00	0.39	69.33

2. 红外谱图分析

对改性后的纳米二氧化硅进行红外表征，结果如图 3-4 所示。

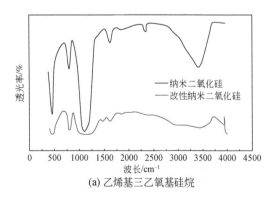

(a) 乙烯基三乙氧基硅烷

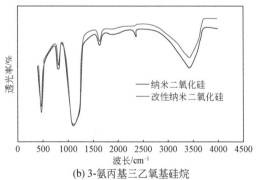

(b) 3-氨丙基三乙氧基硅烷

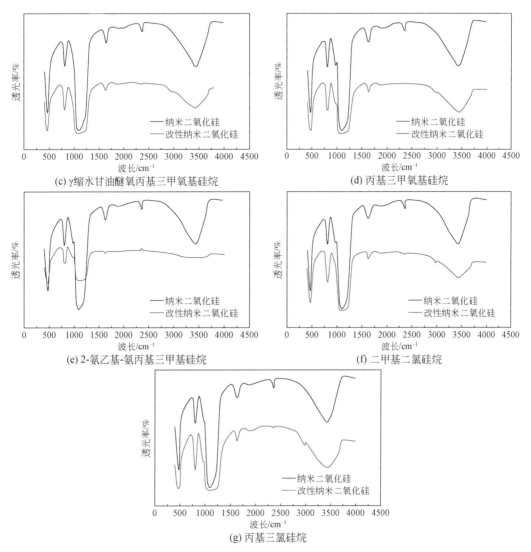

(c) γ缩水甘油醚氧丙基三甲氧基硅烷　　　　　(d) 丙基三甲氧基硅烷

(e) 2-氨乙基-氨丙基三甲基硅烷　　　　　(f) 二甲基二氯硅烷

(g) 丙基三氯硅烷

图 3-4　不同硅烷偶联剂改性纳米二氧化硅红外光谱

467cm^{-1} 和 800cm^{-1} 处的特征峰分别为 Si-O 的弯曲振动和对称伸缩振动，958cm^{-1} 处为 Si-OH 弯曲振动吸收峰，1100cm^{-1} 处为-Si-O-Si- 的反对称伸缩振动吸收峰，1630cm^{-1} 和 3424cm^{-1} 处为-OH 的弯曲振动和反对称伸缩振动吸收峰，2960cm^{-1} 和 2870cm^{-1} 处是-CH$_3$ 的特征吸收峰，2930cm^{-1} 和 2850cm^{-1} 处为-CH$_2$- 的特征吸收峰。

从红外表征的结果显示，γ 缩水甘油醚氧丙基三甲氧基硅烷、丙基三甲氧基硅烷、二甲基二氯硅烷和丙基三氯硅烷改性的纳米二氧化硅出现了相应的特征吸收峰。其他改性剂的纳米二氧化硅虽然表面羟基数也有明显的下降，但是并没有出现相应的红外显示。因此选用这 4 种改性的纳米二氧化硅材料开展后续研究。

3. 润湿性分析

接触角的大小反映了疏水程度，接触角测量仪测定的改性前后纳米二氧化硅的接触角结果如图 3-5 所示。

(a) 纳米二氧化硅，37°

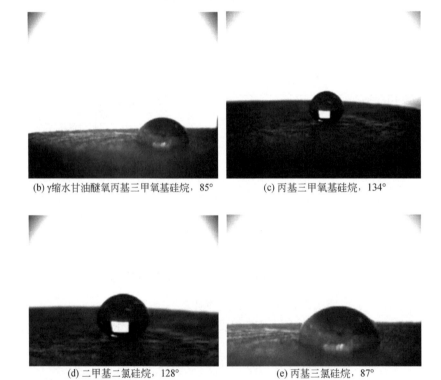

(b) γ缩水甘油醚氧丙基三甲氧基硅烷，85°　　　　(c) 丙基三甲氧基硅烷，134°

(d) 二甲基二氯硅烷，128°　　　　(e) 丙基三氯硅烷，87°

图 3-5　不同硅烷偶联剂改性二氧化硅润湿角

由图 3-5 可以看出，改性前纳米二氧化硅为亲水性，经过硅烷偶联剂改性后纳米二氧化硅表现出不同程度的疏水性。

3.1.3　功能纳米二氧化硅材料的性能评价

1. 改变岩石润湿性能评价

为了证明功能纳米二氧化硅材料具有改变岩石润湿性的效果，首先配制不同浓度（3.0%、4.0%、5.0%）的疏水二氧化硅纳米颗粒分散液，然后将羟基化玻璃片、玻璃片、粗糙度 120 目的石英片、光滑石英片基底浸入溶液中, 使二氧化硅在其表面吸附, 最后将基底烘干, 测量其表面接触角。测量结果如表 3-2 和图 3-6 所示。

表 3-2　不同基底表面接触角平均值　　　　　　　（单位:°）

基底	3% 纳米二氧化硅	4% 纳米二氧化硅	5% 纳米二氧化硅
羟基化玻璃片	167.06	168.38	167.07
玻璃片	166.11	168.32	167.57
粗糙石英片	151.18	164.88	163.92
光滑石英片	168.04	162.56	165.76

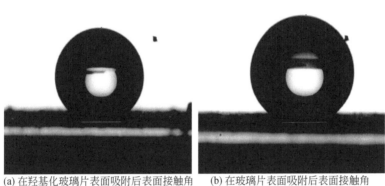

(a) 在羟基化玻璃片表面吸附后表面接触角　　(b) 在玻璃片表面吸附后表面接触角

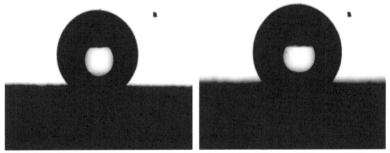

(c) 在粗糙石英片表面吸附后表面接触角　　(d) 在光滑石英片表面吸附后表面接触角

图 3-6　3.0% 纳米二氧化硅在不同基底表面吸附后表面接触角

由表 3-2 和图 3-6 可以看出, 当纳米二氧化硅浓度大于 3.0% 时, 吸附后基底表面可达到超疏水状态（接触角>150°）; 玻璃片表面采用羟基化处理后对接触角的影响不明显; 对于石英片基底, 相对于光滑表面, 粗糙化处理后, 接触角变化较大。

进一步测定功能纳米二氧化硅材料对岩心片的作用效果, 如图 3-7 所示, 岩心片初始状态为亲水型, 经过功能纳米二氧化硅材料处理后, 润湿角由 33° 变为 135°, 岩心片由亲水型转变为疏水型, 说明功能纳米二氧化硅材料具有很好的润湿性转换能力。

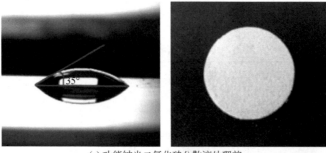

(a) 功能纳米二氧化硅分散液处理前

(b) 功能纳米二氧化硅分散液处理后

图 3-7　岩心经功能纳米二氧化硅材料处理前后接触角变化

2. 防膨性能评价

称取一定量钠土放入 20mL 离心管中，加 10mL 蒸馏水水化膨胀 4h，加入分散好的功能纳米二氧化硅材料充分震荡，24h 后，读取膨胀体积，与空白样对比，判断其防膨性能，结果如图 3-8 所示。分析结果可知，功能纳米二氧化硅材料具有一定的防膨性能，防膨率为17%~42%。这说明高表面能和高活性的功能纳米二氧化硅材料，通过竞争吸附可

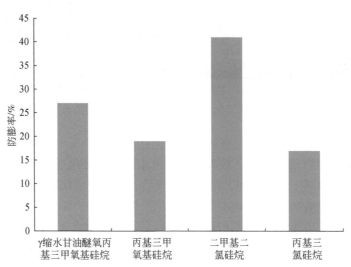

图 3-8　不同硅烷偶联剂改性后的功能纳米二氧化硅材料防膨率

以替代钠土表面的部分水分子，起到防膨作用（Ozden et al., 2017；李建辉等，2011；唐洪波等，2007；Mei et al., 2011）。

3. 降压增注性能评价

选取符合致密油储层岩心标准的人造岩心，岩心参数以及降压增注体系见表 3-3。

表 3-3　岩心参数和降压增注体系表

改性纳米二氧化硅的分散体系	长度/cm	直径/cm	孔隙度/%	渗透率/$10^{-3}\mu m^2$
二甲基二氯硅烷+PEG600	9.65	2.51	9.8	0.075
二甲基二氯硅烷+TX-100	9.62	2.49	8.9	0.063
丙基三氯硅烷+丙三醇	9.65	2.50	9.4	0.068
丙基三氯硅烷+ TX-100	9.64	2.52	10.3	0.089
γ缩水甘油醚氧丙基三甲氧基硅烷+TX-100	9.61	2.51	9.7	0.078

将岩心抽真空、饱和模拟水后测定水相渗透率，用煤油驱替后，建立束缚水饱和度；用模拟水驱替，建立残余油后，测定残余油条件下的水相渗透率；注入一定量的功能纳米二氧化硅材料，老化 48h；用模拟水驱替至水相渗透率不变，降压增注效果如图 3-9 所示。

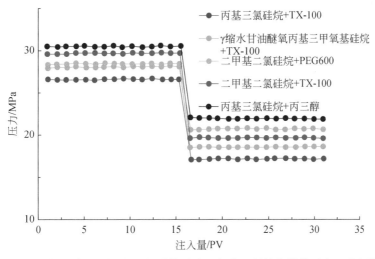

图 3-9　不同硅烷偶联剂改性后的功能纳米二氧化硅材料分散体系降压增注效果

降压增注实验结果表明，功能纳米二氧化硅材料对降低岩心注水压力，提高岩心的渗透率具有一定的效果。岩心经功能纳米二氧化硅材料处理后，注水压力降幅可达 25%~35%。

4. 渗吸排油性能评价

将岩心抽真空、饱和模拟油后，分别进行十二烷基硫酸钠（sodium dodecyl sulfate, SDS）表面活性剂和功能纳米二氧化硅材料渗吸排油性能对比，初步测试了功能纳米二氧化硅材料渗吸排油能力，结果如图 3-10 所示。

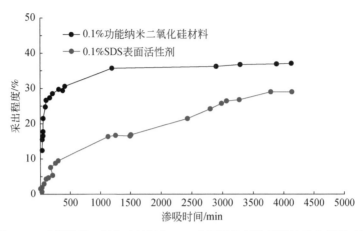

图 3-10 功能纳米二氧化硅材料与 SDS 表面活性剂渗吸排油采出程度对比

实验结果表明，SDS 用于 $3.60 \times 10^{-3} \mu m^2$ 的储层时渗吸采收率可达 30%，而功能纳米二氧化硅材料用于 $3.08 \times 10^{-3} \mu m^2$ 的储层时渗吸采收率可达 36%，相比于 SDS 表面活性剂，功能纳米二氧化硅材料提高渗吸采收率效果明显。

3.2 功能纳米二氧化硅材料在储层界面和油水界面的吸附特性

3.2.1 功能纳米二氧化硅材料在储层界面的吸附特性

岩心孔隙的表面凹凸不平，注入功能纳米二氧化硅分散液后，在盐水的作用下，功能纳米二氧化硅释放并吸附在岩石孔隙表面，形成一层吸附层（曹智等，2005；Li et al.，2012；余庆中等，2012；顾春元等，2011）。吸附层的亲疏水性取决于功能纳米二氧化硅的亲疏水性。当功能化改性后的纳米二氧化硅为亲水时，吸附层就是亲水的；当功能化改性纳米二氧化硅为疏水时，吸附层就是疏水的。

经过表面功能化改性后，纳米二氧化硅的表面羟基与功能化改性剂发生反应，一方面，表面羟基数显著下降；另一方面，纳米二氧化硅的表面性质也发生变化。

功能纳米二氧化硅注入岩心后，由于盐水的离子效应，压缩了纳米二氧化硅粒子的扩散双电层，降低了电位。如图 3-11 所示，释放的功能纳米二氧化硅粒子通过氢键吸附在岩石孔隙表面，形成一层疏水层，使岩石孔隙表面由亲水转为疏水。

通过扫描电镜和原子力显微镜观察功能纳米颗粒在岩心表面和云母片表面的吸附形态，研究 TX-100/功能纳米二氧化硅流体在多孔介质表面的吸附行为规律。将岩心浸泡在浓度 0.1% 的 TX-100/功能纳米二氧化硅流体中，老化 24h，烘干后，通过扫描电镜观察岩心新鲜断面状况。TX-100/功能纳米二氧化硅吸附前后的岩心表面形貌如图 3-12 所示。图 3-12（a）和图 3-12（b）分别是吸附前的岩心表面形貌和吸附了纳米颗粒后的岩心表面形貌。由图 3-12（a）可见，岩心表面棱角分明，每一小部分表面比较光滑，反映了原始岩心的特点。由图 3-12（b）可见，纳米颗粒在岩心表面充分吸附，颗粒呈球状，相互连接，吸附比较紧密，岩心表面被一层纳米颗粒占据。实验证明，纳米颗粒可以突破岩心表面水膜的排斥力，并紧密地吸附在岩石孔壁上。

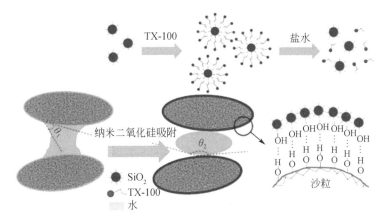

图 3-11　TX-100/功能纳米二氧化硅流体的吸附对润湿性改变机理图

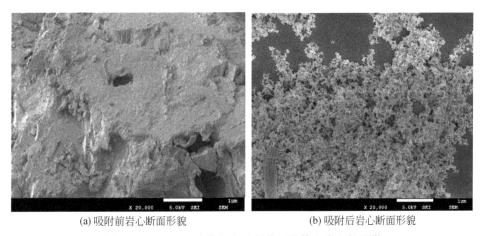

(a) 吸附前岩心断面形貌　　　　　　　　　　　(b) 吸附后岩心断面形貌

图 3-12　TX-100/功能纳米二氧化硅流体在岩心的吸附

将刚撕下的新鲜云母片浸泡在浓度 0.1% 的 TX-100/功能纳米二氧化硅流体中，老化1h 使纳米颗粒在云母片表面均匀吸附，通过原子力显微镜观察云母表面纳米颗粒吸附状况。TX-100/功能纳米二氧化硅流体在云母片表面的吸附形态如图 3-13 所示，功能纳米颗粒均匀吸附在云母片表面，吸附后粒径为 100nm 左右。

3.2.2　功能纳米二氧化硅材料对油水界面的吸附特性

1. 功能纳米二氧化硅材料对油水界面张力的影响

为研究功能纳米二氧化硅材料在两相液–液界面的吸附特性，测量不同条件下油水界

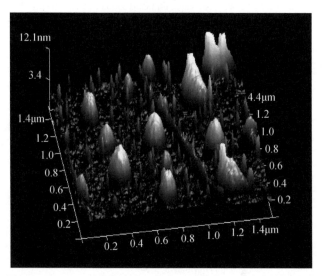

图 3-13　TX-100/功能纳米二氧化硅流体在云母片表面的吸附

面张力，研究了不同影响因素，包括 TX-100/功能纳米二氧化硅流体的纳米颗粒浓度、表面活性剂浓度、pH 以及温度对油水界面张力的影响。

　　纳米颗粒浓度对油水界面张力影响如图 3-14 所示，随着纳米颗粒浓度的不断增加，油水界面张力逐渐降低。原油与模拟地层水的界面张力为 24mN/m，当纳米颗粒浓度为 0.01% 时，油水界面张力下降到 4.57mN/m，当到纳米颗粒浓度上升到 0.1% 时，油水的界面张力迅速下降到 0.74mN/m，之后纳米颗粒浓度提高后油水界面张力下降速度变缓。实验表明，功能纳米二氧化硅材料通过在两相液–液界面的吸附能够显著降低油水的界面张力。

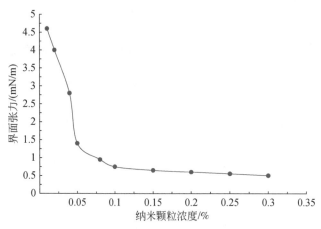

图 3-14　纳米颗粒浓度对油水界面张力影响

　　表面活性剂（TX-100）浓度对油水界面张力的影响如图 3-15 所示，保持二氧化硅纳米颗粒浓度为 0.1% 的情况下，随着 TX-100 质量浓度的增加，油水界面张力呈上升趋势。

当 TX-100 质量浓度为 0.1% 时，油水界面张力为 0.74mN/m，之后，油水界面张力随 TX-100 质量浓度的增加而增加，当 TX-100 质量浓度为 0.4% 时，油水界面张力上升到 1.15mN/m 左右。

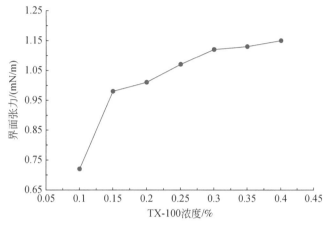

图 3-15　TX-100 浓度对油水界面张力影响

温度对油水界面张力的影响如图 3-16 所示，随着温度的增加，油水界面逐渐降低。30℃ 时油水界面张力为 0.95mN/m 左右，70℃ 时油水界面张力下降至 0.6mN/m 左右，之后油水界面张力随温度的增加，其下降趋势变缓，85℃ 时油水界面张力为 0.55mN/m 左右。

pH 对油水界面张力的影响如图 3-17 所示，随着 pH 的增加，油水界面先降低后增加。体系的 pH 从 8 上升到 10 时，油水界面张力由 1.5mN/m 降低到 0.7mN/m；之后，界面张力随体系 pH 的增加而逐渐增加，当体系 pH 为 12 时，油水界面张力增加至 0.9mN/m 左右。

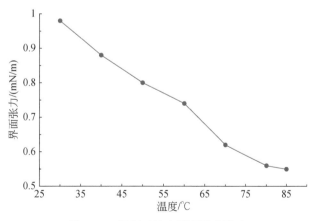

图 3-16　温度对油水界面张力影响

纳米流体通过在两相液–液界面的吸附，能够显著降低油水的界面张力。随着纳米颗粒质量浓度的不断增加，吸附量逐渐增加，油水界面张力逐渐降低。原油与模拟地层水的

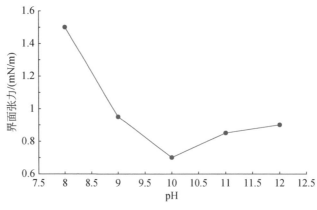

图 3-17　pH 对油水界面张力影响

界面张力为 24mN/m，当纳米流体的浓度为 0.1% 时，油水的界面张力为 0.74mN/m；保持纳米二氧化硅颗粒浓度为 0.1% 的情况下，随着 TX-100 质量浓度的增加，油水界面张力呈上升趋势；随着温度的增加，油水界面逐渐降低；随着 pH 的增加，油水界面先降低后增加，pH=10 时油水界面张力达到最低。

2. 功能纳米二氧化硅材料的吸附对润湿性的影响

用石英片模拟岩心表面，通过接触角研究 TX-100/功能纳米二氧化硅流体的吸附对亲油表面润湿性的影响规律。用石英片模拟岩心亲油表面，需要对石英片表面进行疏水处理。将石英片浸没在 90℃ 的石蜡中，老化 2h 后取出，擦去表面石蜡。将疏水处理后的石英片浸没在 TX-100/功能纳米二氧化硅流体中，密封烧杯后放入烘箱中吸附，放置过程中保持石英片垂直，这样可以使石英片表面颗粒为自发吸附，避免了沉降作用的影响。24h后，将吸附后的石英片用水冲刷，在高温下烘干并用接触仪测量油滴/玻璃/纳米流体的三相接触角。

实验结果如图 3-18 所示，石蜡处理后的石英片表面为油湿，油滴在其表面的接触角为 33°；TX-100/功能纳米二氧化硅流体处理过的疏水石英片表面的接触角为 153°，为水

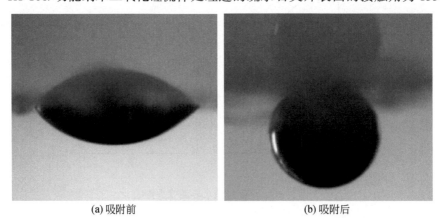

(a) 吸附前　　　　　　　　　　　　　　(b) 吸附后

图 3-18　TX-100/功能纳米二氧化硅流体吸附前后润湿角变化

湿。结果表明，功能纳米二氧化硅颗粒能够均匀吸附在石英片表面，使石英片表面的润湿性从油湿转变为水湿，表明 TX-100/功能纳米二氧化硅流体具有良好的润湿反转效果，能够将强亲油表面的润湿性变成亲水。

3. 功能纳米材料在岩心表面的吸附对油滴形态的影响

本实验采用油湿石英片模拟岩石表面，观察在 TX-100/功能纳米二氧化硅流体中油滴形态的变化。用石英片模拟岩心亲油表面，需要对石英片表面进行疏水处理。将石英片浸没在 90℃的石蜡中，老化 2h 后取出，擦去表面石蜡。将油湿石英片放置在 TX-100/功能纳米二氧化硅流体中，在石英片下方释放一滴油滴，利用接触角测量仪，通过测量油滴/石英片/纳米流体三相接触角，观察油滴形态随时间的变化。TX-100/功能纳米二氧化硅流体中油滴形态随时间的变化如图 3-19 所示。TX-100/功能纳米二氧化硅流体中油滴接触角随时间的变化如图 3-20 所示，由于石英片经过亲油处理，初始状态下，油滴在石英片表面的接触角为 45°；0.5h 后，油滴在石英片表面的接触角迅速增加到 120°左右；1h 后，油滴在石英片表面的接触角为 150°左右；3h 后，油滴在石英片表面的接触角仍为 150°左右。

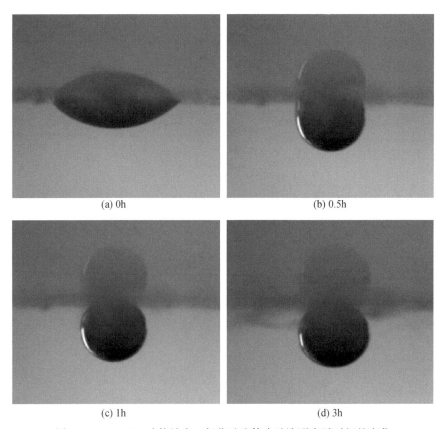

(a) 0h　　　　　　　　　　　　(b) 0.5h

(c) 1h　　　　　　　　　　　　(d) 3h

图 3-19　TX-100/功能纳米二氧化硅流体中油滴形态随时间的变化

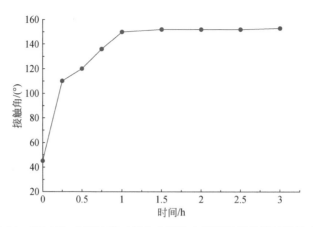

图 3-20　TX-100/功能纳米二氧化硅流体中油滴接触角随时间的变化

4. 不同浓度功能纳米材料的吸附对润湿性的影响

不同浓度 TX-100/功能纳米二氧化硅流体的吸附对润湿性的影响如图 3-21 所示，随着纳米颗粒质量浓度的不断增加，润湿性转变效果越来越明显。初始状态下，油滴在石英片表面的接触角为 40°~70°。注入 TX-100/功能纳米二氧化硅流体后，在低浓度时，由油湿逐渐向中性润湿转变；当浓度继续增加时，润湿角进一步增大，最大可达 140°~160°，实现润湿反转。实验表明，低浓度的 TX-100/功能纳米二氧化硅流体在岩石表面的吸附能够实现润湿性转变，随浓度增大，润湿性转变的效果越来越好。

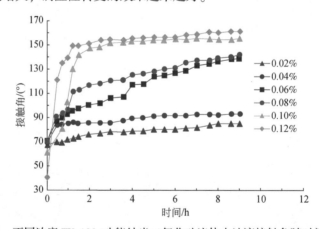

图 3-21　不同浓度 TX-100/功能纳米二氧化硅流体中油滴接触角随时间的变化

3.3　功能纳米二氧化硅材料降压增注特性研究

3.3.1　功能纳米二氧化硅材料降压增注规律研究

1. 岩心物理模拟实验

本次研究开展了天然岩心物理模拟实验，以获得准确的降压增注规律。在天然岩心物理模拟实验中，TX-100/功能纳米二氧化硅流体的注入浓度固定为 0.01%，研究了吸附时间、注入量等因素，并且考虑到目标岩层的实际情况，还研究了缝网和基质尺度对纳米材料储层降压增注的影响。

根据实验设计，以不同渗透率岩心模拟不同尺度缝网结构中的吸附效果，结果如图 3-22 所示。在基质中，随着渗透率的降低，孔喉变小，降压增注效果减弱；在缝网中，随着缝网尺度的增大，吸附饱和度降低，降压增注效果也逐渐降低。

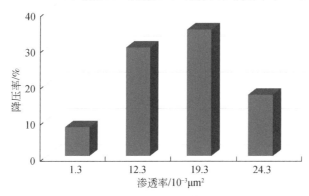

图 3-22　不同缝网尺度对降压效果影响

对于不同注入量、吸附时间对 TX-100/功能纳米二氧化硅流体降压增注的影响，如图 3-23 和图 3-24 所示。随着注入量增加，吸附量增大，过量的纳米颗粒吸附在岩心壁面上，堵塞了原本就细小的孔隙喉道，降压效果降低；随着吸附时间增加，吸附量逐渐达到饱和，降压率逐渐升高，直至最高，达到饱和吸附后，功能纳米颗粒在储层表面形成多层吸附，使有效孔径降低，降压率也降低。

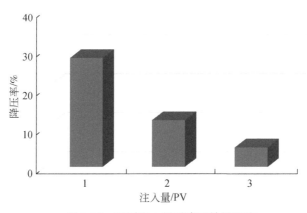

图 3-23　不同注入量对降压效果影响

TX-100/功能纳米二氧化硅流体的降压增注效果与渗透率、缝网尺度、注入量、吸附时间等密切相关。当岩心的渗透率在 $10 \times 10^{-3} \sim 30 \times 10^{-3} \mu m^2$ 之间时，降压率能达到 10% 以上；当岩心渗透率下降至 $1 \times 10^{-3} \sim 10 \times 10^{-3} \mu m^2$ 时，降压率下降至 10% 以下。在浓度为

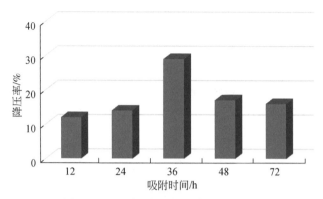

图 3-24　不同吸附时间对降压效果影响

0.01% 的条件下，最佳注入量为 1PV，最佳吸附时间为 36h。

2. 室内单井吞吐增注实验

为紧密结合现场应用，进行了室内单井模拟施工实验，实验装置如图 3-25 所示。在这个实验中，以 3 段渗透率、长度不同的岩心模拟地层中的裂缝和基质。

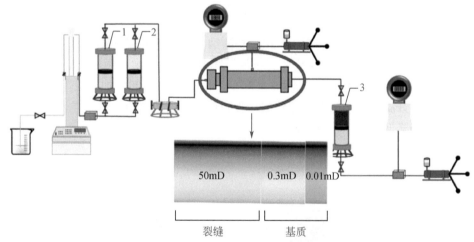

图 3-25　室内单井吞吐增注实验装置图
1. 3% KCl 溶液；2. 纳米流体；3. 煤油

1）降压效果

将岩心放入夹持器中，将注入端压力、回压加至 20MPa，等待 1h，进行压力平衡后，将泵设为恒流速注入，流速为 0.1mL/min，期间记录时间、压力与流量数据；当注入端的压力接近 40MPa，停止实验。将所得实验数据整理作图，如图 3-26 所示，注入 TX-100/功能纳米二氧化硅流体可以实现降压，最大降压率可达 13% 左右。当注入量低于 0.1PV 时，纳米颗粒在储层表面形成单层吸附，当注入量大于 0.1PV 时，纳米颗粒形成多层吸附，造成储层表面吸附不均，降压率降低。

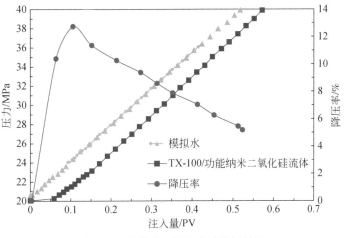

图 3-26　单井吞吐增注实验降压效果

2）增注效果

该部分的实验方法与降压部分相同，如图 3-27 所示，将实验数据整理作图后发现，注入 TX-100/功能纳米二氧化硅流体可以增注，增注率先增大后减小，最大可达 94%。

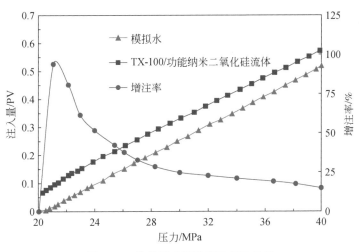

图 3-27　单井吞吐增注实验增注效果

3）模拟吞吐实验

根据前两部分可以发现功能纳米材料具有降压增注的效果，我们设计了新的工作制度，先注 0.1PV 的 TX-100/功能纳米二氧化硅流体，后续注水，以考察 TX-100/功能纳米二氧化硅流体的降压增注性能以及在注水增能过程中纳米颗粒在储层界面的吸附特性。如图 3-28 所示，根据实验数据，我们发现先注入 TX-100/功能纳米二氧化硅流体，可以降低后续注水的压力，实现降压增注，降压率最高为 18%。深入分析实验数据，在注水过程中，纳米颗粒可以沿着孔道向前运移，形成均匀的吸附层，降压效果增强；继续注水，岩石表面的单层最优吸附层被破坏，降压效果减弱。

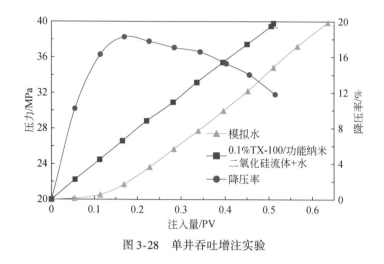

图 3-28　单井吞吐增注实验

3.3.2　功能纳米二氧化硅材料降压增注机制

1. 微细管模拟实验

致密油开发现场通常用表面活性剂溶液进行降压增注，但其作用有一定的局限性，加入 TX-100/功能纳米二氧化硅流体后，在相同的注入条件下可以进一步增强降压增注的效果。通过实验，优选出功能纳米材料，注入岩心孔隙中后，纳米颗粒将吸附在岩心表面，形成一层疏水纳米吸附层，因此岩石表面的润湿性由亲水性向中性、疏水转变。而纳米颗粒在岩石内部的孔道中运移，与微孔道表面相互作用并最终形成吸附层。为了更好地模拟纳米材料的流动特征，首先将 $50\mu m$ 内管径的微细管代替孔隙结构复杂的岩心，简化纳米材料在固体表面的吸附降压效应，利用图 3-29 的实验装置，进行了微细管模拟实验，直观研究功能纳米材料的降压增注机制。

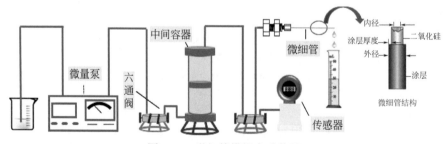

图 3-29　微细管模拟实验装置

根据前期实验内容设计，考察了 TX-100/功能纳米二氧化硅流体不同注入浓度、不同注入量及不同吸附时间等因素对储层降压增注的影响。通过实验结果（图 3-30～图 3-32），初步获得了 TX-100/功能纳米二氧化硅流体的降压增注机制，总结如下，①TX-100/功能纳米二氧化硅流体的浓度在合适的范围内才能达到最佳效果，TX-100/功能纳米二氧化硅流体浓度太低易导致吸附不充分，浓度过高则形成多层吸附，降压效果逐渐降低。②TX-100/功能纳米二氧化硅流体的注入量也只有在合适的范围内才能达到最佳效果，当注入量过少时，吸附不充分，注入量过多则会形成多层吸附，降压效果逐渐降低。③吸附时间会对纳米颗粒在微细管孔壁上的吸附量以及吸附强度产生重要影响。当吸附时间较短时，吸附量和吸附强度不够，吸附不充分，吸附时间过长会形成多层吸附，降压效果逐渐降低。

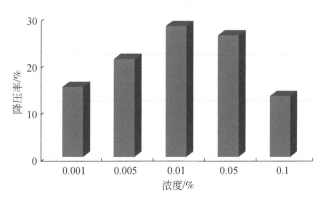

图 3-30　TX-100/功能纳米二氧化硅流体浓度对降压效果影响

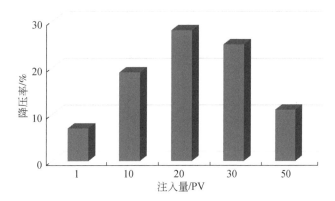

图 3-31　TX-100/功能纳米二氧化硅流体注入量对降压效果影响

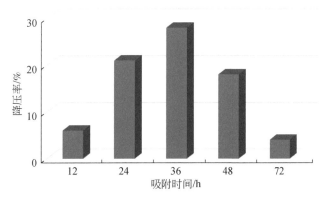

图 3-32　TX-100/功能纳米二氧化硅流体吸附时间对降压效果影响

随注入量、吸附时间增加，吸附量逐渐增加，降压率提高；随注入量、吸附时间继续增加，功能纳米材料在储层表面形成多层吸附，吸附不均匀，降压率降低。通过合理调整注入参数以达到降阻增流的目的是实现水基纳米增注液降压增注效果的重要手段。影响实验的因素众多，不同因素之间也将相互影响，因此为了科学地分析各个影响因素之间的主次关系，避免主观因素带来的分析误差，对这几个因素进行了多元回归，利用 SPSS（Statistical Product and Service Solutions）软件进行计算，分析得到主要影响因素为注入量和吸附时间。

2. SEM 和 PIV[①] 测试

利用扫描电子显微镜和 Micro-PIV 测试系统，研究 TX-100/功能纳米二氧化硅流体在储层表面吸附前后对储层表面粗糙度和流速场的影响（图3-33 和图3-34），结果表明纳米颗粒在储层界面吸附铺展，使储层表面的粗糙度改变，水流速场也发生改变，注入 TX-100/功能纳米二氧化硅流体后，水流速明显加快，这是由于功能纳米颗粒吸附在储层表面，改变了孔道的润湿性，通过竞争吸附使水化膜从壁面上剥离，减小了注入水与表面的黏滞阻力，从而达到了降压增注的目的。

(a) 吸附前岩石断面形貌　　　　　　　　　　(b) 吸附后岩石断面形貌

图3-33　TX-100/功能纳米二氧化硅流体吸附前后岩石表面粗糙度变化

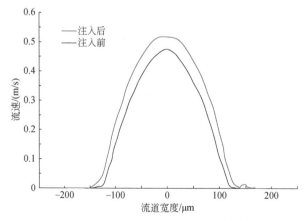

图3-34　TX-100/功能纳米二氧化硅流体注入前后的流速对比

---

① 粒子图像测速法（particle image velocimetry，PIV）。

3.4　功能纳米二氧化硅材料渗吸排油特性研究

3.4.1　功能纳米二氧化硅材料渗吸排油规律研究

为探索功能纳米材料的渗吸排油能力，首先通过界面张力仪测量 0.1% 的 TX-100/功能纳米二氧化硅流体、0.1% 的高活性表面活性剂、0.1% 的 TX-100 体系的油水界面张力分别为 0.76mN/m、0.08mN/m、0.88mN/m，然后通过静态渗吸实验，以温度 75℃，实验用岩心渗透率 $0.1 \times 10^{-3} \mu m^2$，研究了以上 3 种体系的渗吸排油效果。实验结果表明，对比界面张力更低的高活性表面活性剂，TX-100/功能纳米二氧化硅流体渗吸排油的速度更快，采出程度更高，最终采收率达到 30%，如图 3-35 所示。

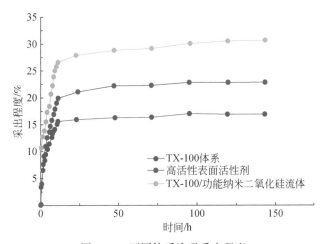

图 3-35　不同体系渗吸采出程度

为探索功能纳米材料渗吸排油的能力，明确渗吸排油规律，研究了基质孔喉大小、界面张力、岩心渗透率、TX-100/功能纳米二氧化硅流体浓度对渗吸排油效果的影响，实验条件均为 75℃。

1. 基质孔喉大小的影响

实验中设置了两组基质孔喉大小不同的岩心，一种孔喉为 500nm，另一种孔喉为 2μm，使用的 TX-100/功能纳米二氧化硅流体浓度为 0.1%，结果如图 3-36 所示，孔喉为 500nm 的实验组前期采出程度比孔喉为 2μm 的实验组低，但随着渗吸时间增加，孔喉小的实验组采出程度逐渐增加，最终采收率为 39%，比孔喉大的实验组的高出 9%。这主要是渗吸后期，毛管力作用明显，孔喉越小，毛管力越大，渗吸的动力变大，使得采出程度变高。

2. 界面张力的影响

实验设置了 5 组界面张力不同的 TX-100/功能纳米二氧化硅流体体系，分别为 1.045mN/m、1.492mN/m、1.969mN/m、4.321mN/m、7.032mN/m，实验所用的岩心渗透率为 $0.1 \times 10^{-3} \mu m^2$，如图 3-37 所示，相同时间下，随着界面张力逐渐升高，体系渗吸采出程度逐渐降低。

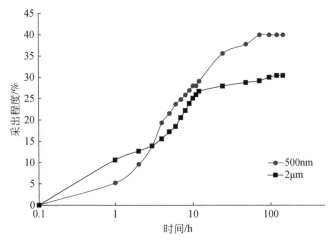

图 3-36　不同基质孔喉渗吸采出程度

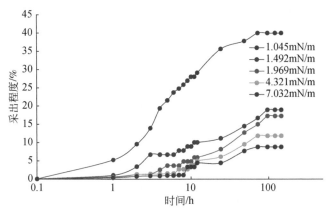

图 3-37　不同界面张力体系渗吸采出程度

3. 岩心渗透率的影响

实验设置了两组渗透率不同的岩心，分别为 $0.08×10^{-3}\mu m^2$、$0.91×10^{-3}\mu m^2$，使用的 TX-100/功能纳米二氧化硅流体浓度为 0.1%。实验结果与基质孔喉大小对 TX-100/功能纳米二氧化硅流体渗吸排油效果的影响类似，如图 3-38 所示，前期渗透率大的体系由于壁面原油的剥离，体系采出程度高；后期毛管力作用明显，渗透率降低，导致毛管力增大，有利于渗吸的进行，采出程度变高，渗透率为 $0.08×10^{-3}\mu m^2$ 的实验组最终采出程度为 30%，比渗透率为 $0.91×10^{-3}\mu m^2$ 的实验组高出 5%。

4. TX-100/功能纳米二氧化硅流体浓度的影响

实验设置了 9 组不同 TX-100/功能纳米二氧化硅流体浓度体系，分别为 0.1%、0.08%、0.06%、0.05%、0.01%、0.005%、0.001%，实验使用的岩心渗透率为 $0.1×10^{-3}\mu m^2$ 左右，结果如图 3-39 所示，在相同时间下，随着 TX-100/功能纳米二氧化硅流体浓度的增大，采出程度也增大。

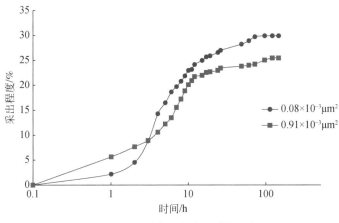

图 3-38　不同渗透率渗吸采出程度

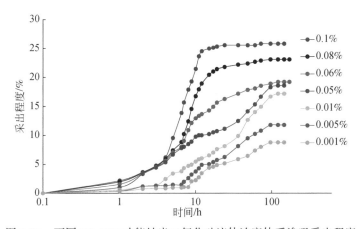

图 3-39　不同 TX-100/功能纳米二氧化硅流体浓度体系渗吸采出程度

3.4.2　功能纳米二氧化硅材料渗吸排油理论数学模型

　　为提高室内实验对现场的指导意义，以无量纲 J 函数和水–油流动模型"相似准则"为基础，结合室内渗吸实验数据，初步建立了致密油 TX-100/功能纳米二氧化硅流体自发渗吸排油预测模型。

　　TX-100/功能纳米二氧化硅流体浓度 0.01%~0.1%：$R_D = 1 - e^{-0.0943t_D}$

　　TX-100/功能纳米二氧化硅流体浓度 0.0001%~0.01%：$R_D = 1 - e^{-0.0138t_D}$

$$t_D = t \sqrt{\frac{K}{\phi}} \frac{1.2 + 7.1\, e^{-186C}}{\sqrt{\mu_o \mu_w}} \frac{1}{L_c^2}$$

式中，R_D 为无因次采收率；t_D 为无因次采出时间；K 为渗透率；ϕ 为孔隙度；μ_o、μ_w 为油相、水相黏度；C 为 TX-100/功能纳米二氧化硅流体浓度；L_c 为特征长度。

　　根据此模型，代入油田实际参数，可以预测实际生产开发参数。

3.4.3 功能纳米二氧化硅材料渗吸排油机制

1. 渗吸排油过程中 TX-100/功能纳米二氧化硅流体在油水界面的界面模量

功能纳米二氧化硅材料是通过纳米颗粒在储层油水界面吸附实现渗吸排油的。使用界面流变仪，测定了 TX-100/功能纳米二氧化硅流体与 TX-100 体系的油水界面模量，如图 3-40 所示，通过对比发现，TX-100/功能纳米二氧化硅流体的油水界面模量明显高于 TX-100 体系，证明功能纳米颗粒可以在油水界面形成稳定吸附，并且可以显著提高界面稳定性。

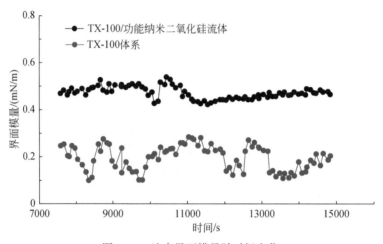

图 3-40 油水界面模量随时间变化

2. 渗吸排油过程中 TX-100/功能纳米二氧化硅流体的油水界面张力

使用界面张力仪测定了不同 TX-100/功能纳米二氧化硅流体浓度下油水界面张力的变化，实验温度 75℃，结果如图 3-41 所示，随着 TX-100/功能纳米二氧化硅流体浓度升高，纳米颗粒在油水界面吸附增多，在 0.06% 时达到饱和吸附。

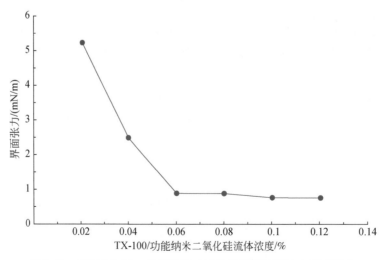

图 3-41 不同 TX-100/功能纳米二氧化硅流体浓度油水界面张力

3. 渗吸排油过程中 TX-100/功能纳米二氧化硅流体中油滴的动态接触角

通过接触角测量仪测定了不同 TX-100/功能纳米二氧化硅流体浓度中的油滴动态接触角，结果如图 3-42 所示，随着 TX-100/功能纳米二氧化硅流体浓度增大，油滴动态接触角也增大，这是由于 TX-100/功能纳米二氧化硅流体中的纳米颗粒与吸附在油水界面的纳米颗粒间存在斥力，加速油滴的剥离，随着纳米颗粒浓度增大，剥离的效率增强。

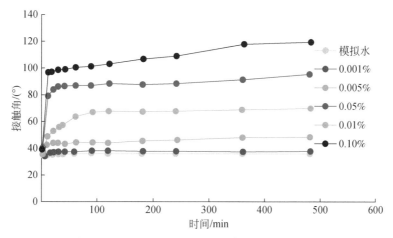

图 3-42   不同 TX-100/功能纳米二氧化硅流体浓度中油滴动态接触角变化

4. 渗吸排油过程中岩心的核磁共振

1）核磁共振的 T_2 谱

通过高分辨率核磁共振仪测定岩心中核磁共振 T_2 谱，结果如图 3-43 所示，随着 TX-100/功能纳米二氧化硅流体的注入，储层孔隙中的剩余油饱和度逐渐降低。小孔喉在 4 天后的采收率达到最大，这是由于小孔喉的比表面积小，纳米颗粒的吸附量有限，过量的纳

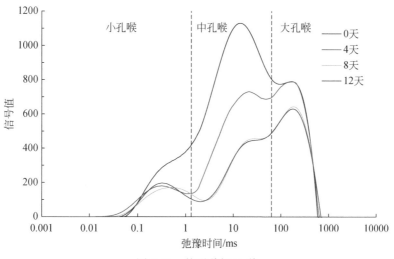

图 3-43   核磁共振 T_2 谱

米颗粒吸附在孔隙壁面上，堵塞了岩心中的小孔喉。中孔喉在 4 天后采收率仍继续提升，8 天后达到吸附饱和，随着界面活性和润湿反转性能的提高，采收率有所提升，之后由于纳米颗粒的堵塞和毛管力小，渗吸动力小，采收率不再提升，趋于稳定。对于比表面积大的大孔喉，由于纳米颗粒吸附不充分，洗油效果不明显，4 天后采收率几乎不变，之后随着纳米颗粒吸附量的增多，界面活性提高，采收率逐渐上升，8 天后毛管力过小，渗吸动力小，采收率上升缓慢，直至趋于稳定，采收率达到最大。

渗吸排油前期阶段，在一定孔径范围内孔喉越大，采出程度越高。随着渗吸继续进行，采出程度增长缓慢，孔喉越小，纳米颗粒的堵塞越严重，采出程度越低；孔喉越大，毛管力越小，渗吸动力越小，采出程度越低。

2）核磁共振应用分析软件的成像分析

如图 3-44 所示，通过软件成像图对比分析可知，随着渗吸进行，油相信号逐渐降低，水相信号逐渐增强。在渗吸排油的前期阶段，采出程度不断提高，这与注入 TX-100/功能纳米二氧化硅流体的界面活性和润湿反转性能密切相关，在 4 天后采收率可达 27.4%。之后，纳米颗粒吸附，小孔喉中纳米颗粒堵塞流体运移，以及大孔喉毛管力相对较小，导致渗吸动力不足，采收率增长速度较渗吸前期逐渐降低，在第 8 天采收率为 29.8%，12 天后基本没有油滴被采出，采收率达到上限，最高为 33.9%。

(a) 初始采收率=0%　　(b) 第4天采收率=27.4%　　(c) 第8天采收率=29.8%　　(d) 第12天采收率=33.9%

图 3-44　核磁共振灰度图
白色为油相

3.5　小　　结

1. 采用硅烷偶联剂法制得纳米二氧化硅，优选出非离子型表面活性剂 PEG600、TX-100 作为分散剂，最终得到水基功能纳米二氧化硅分散体系。

2. 通过扫描电镜和原子力显微镜研究 TX-100/功能纳米二氧化硅流体在多孔介质表面的吸附行为，观察到岩样表面被纳米颗粒占据，纳米颗粒在岩样表面充分吸附，且紧密。

3. 单井吞吐注入实验表明，注入 TX-100/功能纳米二氧化硅流体，可以降低后续注水的压力，实现降压增注。在注水过程中，纳米颗粒可以沿着孔道向前运移，形成均匀的吸附层，降压的效果增强；继续注水，岩石表面的单层最优吸附层被破坏，降压效果减弱。

4. 渗吸排油实验研究了 TX-100/功能纳米二氧化硅流体（0.1%）、高活性表面活性剂（0.1%）、TX-100（0.1%）3 种体系的渗吸排油效果（75℃，岩心渗透率 $0.1 \times 10^{-3} \mu m^2$）。对比界面张力更低的表面活性剂，TX-100/功能纳米二氧化硅流体渗吸排油的速度更快，采收率更高，最终采收率达到 30%。

5. 功能纳米二氧化硅材料是通过纳米颗粒在储层油水界面吸附实现渗吸排油的，通过对比发现，TX-100/功能纳米二氧化硅流体的油水界面模量明显高于 TX-100 体系，可以在油水界面形成稳定吸附，并且可以显著提高界面稳定性。

参 考 文 献

曹智, 张治军, 赵永峰, 等. 2005. 低渗透油田增注用 SiO_2 纳米微粒的制备和表征. 化学研究, 16 (1)：32-34.

陈玉祥, 唐佳, 陈雅洁, 等. 2016. 改性纳米 SiO_2 助剂体系的降压增注机理研究. 化学工程与装备, (1)：4-5.

程亚敏, 李小红, 李庆华, 等. 2006. 油田用水基纳米聚硅增注剂的制备及其性能研究. 化学研究, 17 (4)：56-59.

崔长海, 李新建, 张英芝, 等. 2004. 新型活性剂体系在低渗透油田降压增注现场应用. 精细石油化工进展, 5 (1)：7-9.

高瑞民. 2004. 活性 SiO_2 纳米粉体改善油田注水技术研究. 油田化学, 21 (3)：248-250.

顾春元, 狄勤丰, 沈琛, 等. 2011. 疏水纳米颗粒在油层微孔道中的吸附机制. 石油勘探与开发, 38 (1)：84-89.

洪祥珍. 2004. 活性纳米材料增注技术的研究与应用. 断块油气田, 11 (3)：49-51.

侯军伟, 廖先燕, 郭文建, 等. 2014. 纳米材料应用于化学驱提高石油采收率研究. 化工新型材料, 42 (12)：233-234.

李建辉, 王昭, 祝雅琳, 等. 2011. 尕斯油田纳米聚硅增注实验研究. 重庆科技学院学报 (自然科学版), 13 (5)：43-45.

罗跃, 陈文斌, 郑力军, 等. 2008. 降压增注技术在低渗透油田的应用研究. 断块油气田, 15 (2)：72-74.

任坤峰, 舒福昌, 林科雄, 等. 2016a. 海上油田注水井复合纳米降压增注技术研究. 海洋石油, 36 (4)：61-64.

任坤峰, 舒福昌, 林科雄, 等. 2016b. 适合稠油油藏注水井的表面改性降压增注技术. 科学技术与工程, 16 (28)：70-74.

史长平, 杨永超, 姜平. 2007. 活性纳米粉体降压增注技术的研究与应用. 石油天然气学报, 29 (5)：150-153.

孙仁远, 王磊. 2008. 纳米聚硅材料对黏土膨胀性的影响. 硅酸盐学报, 36 (3)：391-395.

唐洪波, 李萌, 马冰洁, 等. 2007. 二氯二甲基硅烷改性纳米二氧化硅工艺研究. 精细石油化工, 24 (6)：44-46.

唐一科, 许静, 韦立凡. 2005. 纳米材料制备方法的研究现状与发展趋势. 重庆大学学报 (自然科学版), 28 (1)：5-11.

王芳辉, 朱红, 邹静. 2006. 纳米材料在石油行业中的应用. 西安石油大学学报 (自然科学版), 21 (6)：87-92.

王长杰, 李攀, 张影. 2008. 聚硅纳米增注技术在临盘油田的试验应用. 内蒙古石油化工, 34 (2)：80-81.

王健, 吴一慧, 金庭浩, 等. 2018. 纳米材料在化学驱的应用研究进展. 精细与专用化学品, 26 (2)：41-47.

解小玲, 郭李有, 许并社. 2007. 纳米二氧化硅表面改性的研究. 应用化工, 36 (7)：703-705.

杨灵信, 郭文军, 徐艳伟, 等. 2003. 聚硅纳米材料降压增注技术在文东油田的应用. 石油天然气学报, 25 (s1)：105-106.

易华, 张欣. 2008. 纳米聚硅材料在油藏注水井中降压增注的室内研究. 分子科学学报, 24 (5)：

325-328.

易华, 苏连江. 2009. 聚硅纳米材料在油田降压增注的应用试验研究. 大庆师范学院学报, 29 (6): 114-116.

易华, 孙洪海, 李飞雪, 等. 2005. 聚硅纳米材料在油藏注水井中降压增注机理研究. 哈尔滨师范大学自然科学学报, 21 (6): 66-69.

余庆中, 郑楠, 宋娟, 等. 2012. 水基纳米聚硅乳液体系应用研究. 油田化学, 29 (2): 181-186.

赵玉玲. 2009. 纳米材料性质及应用. 煤炭技术, 28 (8): 149-151.

郑强. 2012. 低渗及稠油油藏水井表面活性剂降压增注技术研究与应用. 石油化工应用, 31 (7): 14-17.

朱红, 夏建华, 孙正贵, 等. 2006. 纳米二氧化硅在三次采油中的应用研究. 石油学报, 27 (6): 96-100.

Ahmadi M, Habibi A, Pourafshary P, et al. 2013. Zeta-potential investigation and experimental study of nanoparticles deposited on rock surface to reduce fines migration. Society of Petroleum Engineers Journal, 18 (3): 534-544.

Alimohammadi N, Shadizadeh S R, Kazeminezhad I. 2013. Removal of cadmium from drilling fluid using nano-adsorbent. Fuel, 111: 505-509.

An Y X, Jiang G C, Qi Y R, et al. 2015. Synthesis of nano-plugging agent based on AM/AMPS/NVP terpolymer. Journal of Petroleum Science and Engineering, 135: 505-514.

Bui K, Akkutlu Y. 2015. Nanopore wall effect on surface tension of methane. Molecular Physics, 113 (22): 1-8.

Camilo A F, Monica M L, Socrates A, et al. 2015. Effects of resin I on asphaltene adsorption onto nanoparticles: a novel method for obtaining asphaltenes/resin isotherms. Energy and Fuels, 21: 264-272.

Feng L, Ghaithan A M, Hooisweng O, et al. 2016. Reduced-Polymer-Loading, high-temperature fracturing fluids by use of nanocrosslinkers. Society of Petroleum Engineers Journal, 22 (2): 1-10.

Friedheim J, Young S, Stefano G D, et al. 2012. Nanotechnology for oilfield applications-hype or reality. Noordwijk: Society of Petroleum Engineers.

Ghaithan A M, Feng L, Katherine L H. 2016. Nanoparticle-enhanced hydraulic-fracturing fluids: A review. Society of Petroleum Engineers Production and Operation, 32 (2): 1-10.

Huang T P, David E C. 2015. Enhancing oil recovery with specialized nanoparticles by controlling formation-fines migration at their sources in waterflooding reservoirs. Society of Petroleum Engineers Journal, 20 (4): 743-746.

Juliana G, Pedro B, Sergio L, et al. 2013. Wettability alteration of sandstone cores by alumina-based nanofluids. Energy and Fuels, 27: 3659-3665.

Li L, Sun J S, Xu X G, et al. 2012. Study and application of nanomaterials in drilling fluids. Advanced Materials Research, 35: 323-328.

Liu H, Jin X, Ding B. 2016. Application of nanotechnology in petroleum exploration and development. Petroleum Exploration and Development, 43 (6): 1107-1115.

Mei Z, Liu S Y, Wang L, et al. 2011. Preparation of positively charged oil/water nano-emulsions with a sub-PIT method. Journal of Colloid and Interface Science, 361: 565-572.

Osamah A A, Khaled M M, Yousef H A. 2015. Experimental study of enhanced-heavy-oil recovery in Berea sandstone cores by use of nanofluids applications. Society of Petroleum Engineers Production and Operation, 18 (3): 1-12.

Ozden S, Li L M, Ghaithan A A, et al. 2017. Nanomaterials-enhanced high-temperature viscoelastic surfactant

VES well treatment fluids. Montgomery：Society of Petroleum Engineers International Conference on Oilfield Chemistry.

Paul D R, Robeson L M. 2008. Polymer nanotechnology：nanocomposites. Polymer, 49：3187-3204.

Peng B L, Zhang L C, Luo J H, et al. 2017. A review of nanomaterials for nanofluid enhanced oil recovery. Royal Society of Chemistry, 7：32246-32254.

Qu Y Z, Su Y N, Sun J S, et al. 2008. Preparation of poly（styrene-block-acrylamide）/organic montmorillonite nanocomposites via reversible addition-fragmentation chain transfer. Journal of Applied Polymer Science, 110：387-391.

Sayyadnejad M A, Ghaffarian H R, Saeid M. 2008. Removal of hydrogen sulfide by zinc oxide nanoparticles in drilling fluid. International Journal of Environmental Science and Technology, 5（4）：565-569.

Shokrlu Y H, Babadagli T F. 2014. Kinetics of the in-stiu upgrading of heavy Oil by nickel nanoparticle catalysts and its effect on cyclic-steam-stimulation recovery factor. Society of Petroleum Engineers Resevoir Evaluation and Engineering, 17（3）：355-364.

第4章 致密油储层基质–缝网系统流度控制体系及提高采收率机理研究

我国致密油的开发具有独特性且难度较大,当前致密油高效开发主要面临以下挑战(李阳,2015)。①致密油储层孔喉细小,30%~50%的可动原油储集于0.1~1μm的亚微米级孔喉中。目前,主要通过水平井分段压裂、体积压裂等方式,形成连通缝网,从而有效动用地层原油。但压裂后的基质–缝网系统增强了储层非均质性,进一步加大了储层基质储量的动用难度。②储集层渗透率低,生产井经过短期高产后,压力衰减快,产量快速递减,提高单井产量面临着挑战。③超低渗–致密储层依靠天然能量的采出程度一般低于10%,要提高储层采出程度,必须通过注水或注气补充地层能量,相比注气而言,注水是最为长久的、经济可行的补充地层能量的方式,但会面临注入压力高、注入量低等问题。

针对致密油藏开发面临的挑战,提高致密油藏采收率有三个关键难题亟需解决:①如何改善基质–缝网系统以及不同尺度裂缝间的非均质性,提高微裂缝以及基质中的波及程度;②如何通过化学体系对界面的影响,提高基质及微裂缝中原油的动用程度,一方面增强原油从基质向裂缝的自发渗吸排油作用,另一方面实现多尺度缝网,尤其是微裂缝中原油的高效驱动;③如何改变储层孔喉表面性质,降低注入压力,提高驱替介质注入量,实现地层能量补充。

本章专题攻关前两个难题,构筑适用于致密油储层的兼具提高基质–缝网波及程度和渗吸排驱的流度控制体系,明确控制特征及吞吐提高采收率潜力,揭示提高采收率规律及作用机制,建立致密油储层基质–缝网系统提高采收率方法,为我国致密油藏高效开发提供方法和理论基础。

4.1 流度控制体系构筑及性能评价

以环境友好型的本体冻胶为制备体系,建立了纳–微米尺度冻胶分散体(dispersed particle gel,DPG)规模化机械剪切工艺,进一步优选表面活性剂,与制备的冻胶分散体复配,构筑流度控制体系(吕茂森等,2000;黄宁等,2002;戴彩丽等,2014;王平美等,2002;Fang et al.,2017;胡艳霞和刘淑芳,2011;刁素等,2007)。

4.1.1 冻胶分散体制备

环境友好型本体冻胶采用低水解度的聚合物和酚醛树脂交联剂制备,实验中本体冻胶配方为0.3%聚合物+0.6%酚醛树脂交联剂。通过环境扫描电镜对本体冻胶的微观形貌进行观察,如图4-1所示,聚合物和酚醛树脂交联剂成胶后形成了致密的三维结构,说明聚合物和酚醛树脂交联剂分子之间交联密度大，本体冻胶强度较高。环境扫描电镜结果进一步表明，冻胶表面分布了众多粒径为 1~3μm 的球体，球体紧密相连嵌在连续的冻胶表面。在本体冻胶形成的过程中，聚合物中的酰胺基和酚醛树脂中的羟基通过脱水缩合作用形成致密球状结构（赵福麟，2012；张岩等，2001），这种结构有利于将束缚水锁在冻胶内部，在高温条件下不利于束缚水从球状结构中逸出，进而增强本体冻胶的热稳定性（梁伟等，2010；张继风等，2004；Elsharafi and Bai，2017）。

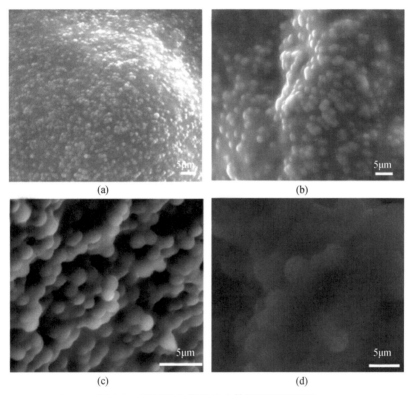

图 4-1　不同放大倍数的本体冻胶微观形貌

实验采用工业级的胶体磨作为制备冻胶分散体的剪切设备，其中胶体磨剪切频率在 0~70Hz 之间可调，具备冷凝循环系统，可以长时间循环工作。

1. 冻胶分散体的反应程度

冻胶分散体的产率直接反映了机械剪切制备冻胶分散体的效率。由于制备的冻胶分散体均匀地分散在水溶液中，仅从外观难以确定冻胶分散体的反应程度。聚合物与交联剂形成本体冻胶过程中，仍含有一定未反应的酰胺基，可以利用淀粉-三碘化物的形式进行有效测定，因此实验采用淀粉-碘化镉法测定冻胶分散体的反应程度，LF 聚合物的标准吸光度曲线如图 4-2 所示。

将本体冻胶通过机械剪切制得冻胶分散体溶液，再在高速离心机中离心，取上清液测定冻胶分散体的反应程度，实验结果如图 4-3 所示，机械剪切法制得的冻胶分散体的反应程度较高，均在 90% 以上，剪切时间和剪切速率对冻胶分散体的反应程度影响不大。机械

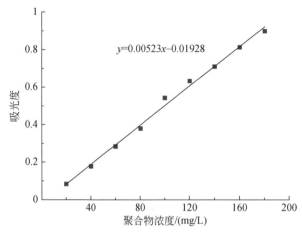

图 4-2　不同浓度聚合物的吸光度标准曲线

剪切本体冻胶不涉及化学反应，仅是通过剪切作用将本体冻胶破碎磨圆，该方法制备冻胶分散体具备操作简单、高效的特点。

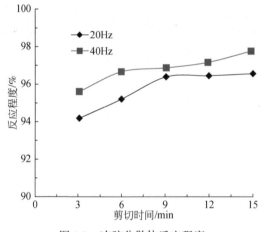

图 4-3　冻胶分散体反应程度

2. 冻胶分散体的微观形貌

研究了不同本体冻胶强度对冻胶分散体微观形貌的影响，实验中选取两种不同成冻时间的本体冻胶。① 弱冻胶：0.3% 聚合物+0.6% 交联剂，成冻时间 42h，成冻强度 0.028MPa；② 强冻胶：0.3% 聚合物+0.6% 交联剂，成冻时间 82h，成冻强度 0.038MPa。将本体冻胶与清水按照质量比 1:2 混合置于胶体磨中，在 40Hz 条件下剪切 6min 得到冻胶分散体（Dai *et al.*, 2012；Liu *et al.*, 2016；Imqam *et al.*, 2015），实验结果如图 4-4 所示。

由图 4-4 可知，制备的冻胶分散体为形状规则的球体，弱冻胶形成的冻胶分散体粒径在 750nm 左右；对于强度较高的本体冻胶，粒径为 1250nm，明显高于弱冻胶形成的冻胶分散体系。这是由胶体磨机械剪切设备的定转子特殊结构决定的，当本体冻胶进入胶体磨

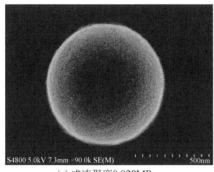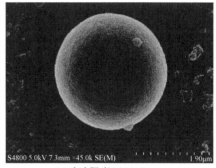

(a) 成冻强度0.028MPa　　　　　　　　　(b) 成冻强度0.038MPa

图 4-4　不同强度本体冻胶制备的冻胶分散体微观形貌

中，先沿着转子间隙方向运动，所受剪切力与冻胶分散体运动的方向垂直；当本体冻胶进入胶体磨粗磨碎区时，受高速机械剪切力的影响，本体冻胶凸起球状结构断裂，形成粒径较大而不均匀的颗粒；该阶段形成的颗粒随即进入细磨碎区，受该区域剪切作用力的影响，形成的冻胶分散体颗粒进一步减小，同时颗粒受离心力的影响，定子内壁会对冻胶分散体有进一步磨圆的作用，使其形成的颗粒形状较规则；该阶段形成的冻胶分散体颗粒进入超细磨碎区，冻胶分散体在横向和纵向上的受力较为均衡，使得冻胶分散体粒径进一步减小，黏度进一步降低；当循环系统开启时，剪切时间增加，冻胶分散体会再次进入定转子间隙和定子斜槽使得冻胶分散体粒径进一步减小，形成粒径分布均匀的冻胶分散体颗粒分散在溶液中。对于强度不同的本体冻胶体系，强度越高，本体冻胶的交联越致密，结构越不易破碎，因此，相同剪切条件下形成冻胶分散体的粒径越大。

3. 冻胶分散体的粒径

粒径是评价冻胶分散体性能的重要指标。本实验选取两种强度的本体冻胶。①弱冻胶：0.3% 聚合物+0.6% 交联剂，成冻后强度为 0.032MPa；②强冻胶：0.3% 聚合物+0.6% 交联剂，成冻后强度为 0.040MPa。将本体冻胶与清水按照质量比 1：2 混合置于胶体磨中，在 40Hz 条件下研磨 6min 得冻胶分散体，动态光散射测定结果如图 4-5 所示。

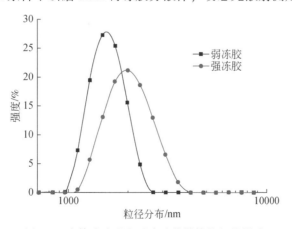

图 4-5　本体冻胶强度对冻胶分散体粒径的影响

从图4-5可知，经过剪切作用后，两种冻胶分散体粒径分布曲线峰值较窄，说明机械制备法形成的冻胶分散体颗粒粒径较为均匀。剪切6min后，强冻胶形成的冻胶分散体粒径为2117nm；弱冻胶形成的冻胶分散体粒径为1578nm。这是由于聚合物浓度越高，聚合物链上的酰胺基与酚醛树脂交联剂的羟基交联密度越大，成冻后本体冻胶强度越高，形成的冻胶结构越致密。在相同剪切条件下，强度高的本体冻胶不易破碎，因此，形成的冻胶分散体颗粒更大。

4. 冻胶分散体的黏度

本体冻胶是高黏弹性的流体，剪切形成的冻胶分散体是具有一定尺寸大小的冻胶颗粒分散体系，具有类似悬浮体的特点。实验选取不同成冻时间的本体冻胶考察其强度对制备冻胶分散体黏度的影响。将本体冻胶与清水按照质量比1∶2混合置于胶体磨中，研磨6min得冻胶分散体，测定结果见表4-1。

表4-1　本体冻胶强度对冻胶分散体黏度的影响

本体冻胶配方	成冻时间/h	成冻强度/MPa	冻胶分散体黏度/（mPa·s）	
			500mg/L 时	1000mg/L 时
0.3%聚合物+0.6%交联剂	42	0.028	3.87	5.38
0.3%聚合物+0.6%交联剂	82	0.038	4.65	6.55

由表4-1可知，冻胶分散体的黏度随本体冻胶强度的增加而增加。这是由于聚合物酰胺基与交联剂羟甲基形成的本体冻胶网络结构越强，相同剪切条件下对冻胶的剪切能力就越弱，强度高的本体冻胶不易破碎，颗粒之间相互黏附。因此，剪切后形成的冻胶分散体黏度越大。

5. 冻胶分散体的电位

Zeta电位是表征冻胶分散体颗粒稳定性的重要参数。实验选取两种成冻时间不同的本体冻胶。①弱冻胶：0.3%聚合物+0.6%交联剂，成冻时间42h，成冻强度为0.028MPa；②强冻胶：0.3%聚合物+0.6%交联剂，成冻时间82h，成冻强度为0.038MPa。将本体冻胶与清水按照质量比1∶2混合置于胶体磨中，在40Hz剪切速率下研磨6min，稀释至冻胶分散体的浓度为0.1%，测定结果如图4-6所示。两种不同强度本体冻胶制备的冻胶分散体颗粒表面均带负电，Zeta电位绝对值在28~31mV之间，说明制备的冻胶分散体是相对稳定的。

4.1.2　流度控制体系构筑

流度控制体系由软体冻胶分散体和表面活性剂构成（Bai *et al.*，2017；任亭亭等，2015；崔晓红，2011；陈晓彦，2009；吴莎等，2014；蒲万芬等，2016），在本实验室前期研究的基础上，选择了6种耐温耐盐的甜菜碱型两性表面活性剂，见表4-2。

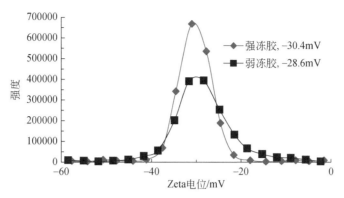

图 4-6　本体冻胶强度对冻胶分散体 Zeta 电位的影响

表 4-2　表面活性剂主要成分

序号	代号	主要成分
1	HTHS-1	磺基甜菜碱
2	ASB	磺基甜菜碱
3	DSB	磺基甜菜碱
4	LHSB-30	磺基甜菜碱
5	THSB	磺基甜菜碱
6	XSB	磺基甜菜碱

1. 配伍性考察

考虑到磺基甜菜碱的耐温耐盐性能，本研究主要对不同类型的磺基甜菜碱型表面活性剂进行优选。室温下将这 6 种不同的表面活性剂分别加入软体冻胶分散体溶液中，搅拌均匀制得流度控制体系，观察是否有沉淀、絮凝生成，其中表面活性剂的浓度为 0.1%。该实验考察了表面活性剂和软体冻胶分散体在 80℃ 的配伍性。将上述配制的流度控制体系溶液分别密封于安瓿瓶中，老化 2 天、5 天后观察是否有沉淀、絮凝产生，如图 4-7 所示，实验结果见表 4-3。经过老化后，初步优选的 6 种表面活性剂在油藏条件下与冻胶分散体均具有较好的配伍性。

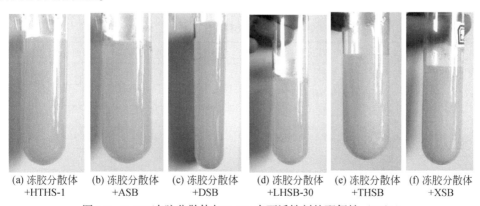

(a) 冻胶分散体　(b) 冻胶分散体　(c) 冻胶分散体　(d) 冻胶分散体　(e) 冻胶分散体　(f) 冻胶分散体
　+HTHS-1　　　+ASB　　　　+DSB　　　　+LHSB-30　　+THSB　　　　+XSB

图 4-7　0.1% 冻胶分散体与 0.1% 表面活性剂的配伍性（80℃）

表4-3 软体冻胶分散体与表面活性剂的配伍性考察 （80℃）

编号	表面活性剂类型	软体冻胶分散体/%	现象	
			老化2天	老化5天
1	HTHS-1	0.6	无沉淀、絮凝	无沉淀、絮凝
2		1.0	无沉淀、絮凝	无沉淀、絮凝
3		1.6	无沉淀、絮凝	无沉淀、絮凝
4	ASB	0.6	无沉淀、絮凝	无沉淀、絮凝
5		1.0	无沉淀、絮凝	无沉淀、絮凝
6		1.6	无沉淀、絮凝	无沉淀、絮凝
7	DSB	0.6	无沉淀、絮凝	无沉淀、絮凝
8		1.0	无沉淀、絮凝	无沉淀、絮凝
9		1.6	无沉淀、絮凝	无沉淀、絮凝
10	LHSB-30	0.6	无沉淀、絮凝	无沉淀、絮凝
11		1.0	无沉淀、絮凝	无沉淀、絮凝
12		1.6	无沉淀、絮凝	无沉淀、絮凝
13	THSB	0.6	无沉淀、絮凝	无沉淀、絮凝
14		1.0	无沉淀、絮凝	无沉淀、絮凝
15		1.6	无沉淀、絮凝	无沉淀、絮凝
16	XSB	0.6	无沉淀、絮凝	无沉淀、絮凝
17		1.0	无沉淀、絮凝	无沉淀、絮凝
18		1.6	无沉淀、絮凝	无沉淀、絮凝

2. 表面活性剂优选

将上述6种表面活性剂与软体冻胶分散体复配，测定了流度控制体系的初始界面张力，实验中表面活性剂的浓度为0.1%，油样为现场原油，测试温度为80℃，结果见表4-4。可以看出，冻胶分散体的浓度在0.05%~0.15%范围时，LHSB-30、THSB、XSB三种表面活性剂的初始降低油水界面张力能力较弱，而HTHS-1、ASB及DSB三种表面活性剂均能够有效降低界面张力至10^{-3}mN/m，其中HTHS-1性能最优。

表4-4 表面活性剂降低界面张力能力 （80℃）

编号	表面活性剂类型	冻胶分散体/%	界面张力/（10^{-3}mN/m）
1	HTHS-1	0.05	3.95
2		0.1	4.53
3		0.15	5.39
4	ASB	0.6	6.51
5		1.0	9.63
6		1.6	13.70

编号	表面活性剂类型	冻胶分散体/%	界面张力/(10^{-3}mN/m)
7		0.6	8.72
8	DSB	1.0	8.32
9		1.6	9.54
10		0.6	16.71
11	LHSB-30	1.0	15.87
12		1.6	19.52
13		0.6	9.26
14	THSB	1.0	13.25
15		1.6	12.89
16		0.6	16.23
17	XSB	1.0	19.16
18		1.6	24.35

3. 表面活性剂浓度对流度控制体系界面张力的影响

固定软体冻胶分散体的浓度为 0.1%，改变优选出表面活性剂的浓度为 0.01% ~ 0.5%，分别测定单一表面活性剂与流度控制体系降低界面张力能力，实验结果如图 4-8 所示。

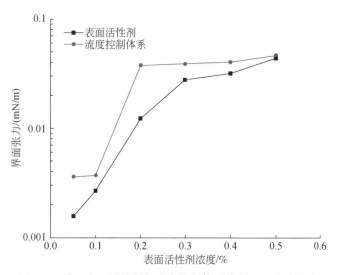

图 4-8　单一表面活性剂与流度控制体系降低界面张力能力

由图 4-8 可知，单一表面活性剂与流度控制体系降低油水界面张力的变化情况基本一致。当表面活性剂浓度超过 0.05% 时，油水界面张力开始增加。表面活性剂刚加入时，界面相的表面活性剂分子的位能低于溶液相，形成了化学位差，导致表面活性剂分子的亲水基朝向水溶液，亲油基朝向油相，由溶液相向油水界面相传递，进而活性分子在油水界面富集形成单分子吸附膜，并定向排列，使界面张力降低；当表面活性剂浓度进一步增加时，油水界面被活性表面活性剂分子占满，表面已不能容纳更多的分子。此时，表面活性剂分子在油水界面的吸附和解吸附达到动态平衡（Wu et al.，2017；Li et al.，2018）。

4. 表面活性剂浓度对流度控制体系黏度的影响

在浓度0.1%的冻胶分散体溶液中加入不同质量浓度的HTHS-1，考察表面活性剂对流度控制体系黏度的影响，测试温度为30℃，结果如图4-9所示。

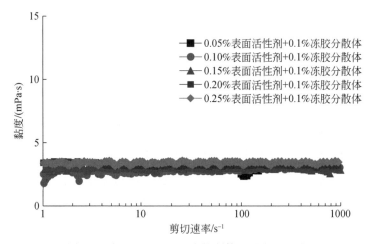

图4-9　表面活性剂对流度控制体系黏度的影响

由图4-9可知，表面活性剂的加入能够略微提高流度控制体系的黏度，但改变幅度不大。这是由于表面活性剂为稀溶液体系，随着浓度的增加，表面活性剂形成胶束，增加了溶液的结构黏度。此外，受静电作用影响，表面活性剂吸附在软体冻胶分散体颗粒表面，使颗粒之间相互接触，膨胀概率加大。因此，流度控制体系黏度略微增加。

5. 冻胶分散体浓度对流度控制体系界面张力的影响

固定表面活性剂的浓度为0.1%，分别加入不同浓度的软体冻胶分散体，在80℃条件下测定流度控制体系的动态界面张力，实验结果如图4-10所示。由图可知，流度控制体系降低油水界面张力的能力随着冻胶分散体浓度的增大而降低，但最终稳定在$3\times10^{-3}\sim5\times10^{-3}$ mN/m之间。实验中流度控制体系达到动态稳定平衡界面张力的时间高于单一表面活性剂达到动态稳定平衡界面张力的时间。软体冻胶分散体浓度越高，流度控制体系达到动态稳定平衡界面张力的时间就越长，但最终稳定界面张力基本一致，表明冻胶分散体的加入延长流度控制体系达到动态平衡稳定界面张力的时间，而对体系降低油水界面张力的能力影响不大。

6. 冻胶分散体浓度对流度控制体系黏度的影响

固定表面活性剂的浓度为0.1%，分别加入不同浓度的软体冻胶分散体，在80℃条件

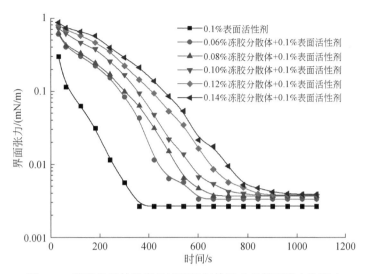

图 4-10　冻胶分散体浓度对流度控制体系动态界面张力的影响

下测定流度控制体系的黏度变化，实验结果如图 4-11 所示。

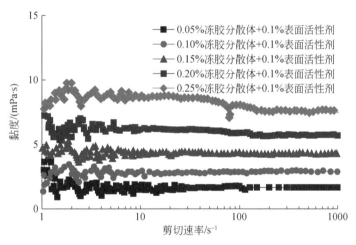

图 4-11　冻胶分散体浓度对流度控制体系黏度的影响

由图 4-11 可知，流度控制体系的黏度随着冻胶分散体的浓度增加而增大。冻胶分散体为高黏弹性颗粒，当浓度增加时，溶液中的固含量较高，颗粒之间的距离减小，分子间的接触碰撞概率增大，增大了分子间的内摩擦力，导致流度控制体系黏度上升。

7. 流度控制体系成分浓度确定

为了进一步优化流度控制体系两种成分的使用质量浓度，绘制了 36 组流度控制体系界面张力等值图，如图 4-12 所示。

由图 4-12 可知，随着表面活性剂浓度的增大，流度控制体系降低油水界面张力能力变强；当表面活性剂浓度超过一定值后，界面张力反而增加，说明流度控制体系中的表面

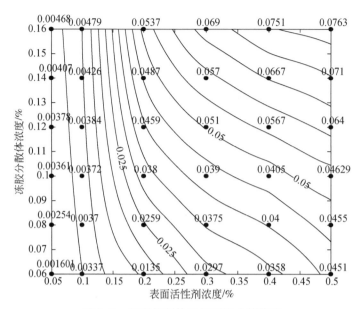

图 4-12　流度控制体系界面张力等值图

活性剂浓度存在一个最佳浓度范围；随冻胶分散体浓度的增加，流度控制体系的界面张力略微增加，但变化不大。由图 4-11 可知，流度控制体系黏度随冻胶分散体浓度的增加而增大，低浓度范围的表面活性剂对流度控制体系黏度无影响，而高浓度范围的表面活性剂对流度控制体系黏度具有协同增黏的能力。综合考虑低界面张力（$<10^{-2}$ mN/m）、高黏度（>20 mPa·s）及低成本因素，优化流度控制体系中表面活性剂使用浓度范围为 0.05%～0.12%，冻胶分散体的使用浓度范围为 0.08%～0.12%。

8. 流度控制体聚结能力

以高矿化度模拟水配制冻胶分散体流度控制体系（0.1% 冻胶分散体 +0.1% 表面活性剂），将其置于 80℃ 恒温烘箱中老化 10 天、15 天、30 天后，采用扫描电镜研究其微观形貌变化，如图 4-13 所示。

从流度控制体系的微观形貌可以看出，流度控制体系中的冻胶分散体颗粒老化前主要以单个颗粒均匀地分散。高温老化后，清水与高矿化度模拟水配制流度控制体系中的单个冻胶分散体颗粒均开始变大，但膨胀能力有限，这种有限度的膨胀保证了冻胶分散体在高温老化后具有较高的强度。同时流度控制体系中的多个冻胶分散体颗粒之间相互聚结，颗粒之间粘连程度增加，形成较大的聚结体。颗粒粒径由初始的 3μm 增加至18μm 以上。此外，在冻胶分散体颗粒表面覆盖着一层薄膜，这是流度控制体系中的表面活性剂在老化过程中吸附在颗粒表面形成的。老化时间越长，流度控制体系中的冻胶分散体颗粒聚结程度越大，这有利于流度控制体系在大裂缝中充分发挥其流度控制作用（Zhao *et al.*，2014；You *et al.*，2014）。

9. 流度控制体系黏度

以高矿化度模拟水配制软体冻胶分散体流度控制体系（0.1% 冻胶分散体 +0.1% 表面

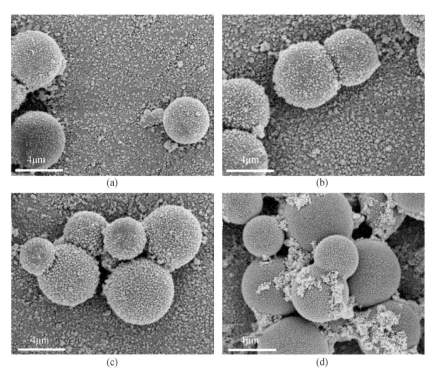

图 4-13　高温老化前后流度控制体系微观形貌

（a）初始状态；（b）老化 10 天；（c）老化 15 天；（d）老化 30 天

活性剂）、单一冻胶分散体（0.1%冻胶分散体）、聚/表二元流度控制体系（0.1%聚合物+0.1%表面活性剂）（刘述忍等，2013；Yang *et al.*，2017a），将其置于 80℃恒温烘箱中老化不同时间，采用 Brookfield 黏度计测定黏度变化，实验结果如图 4-14 所示。

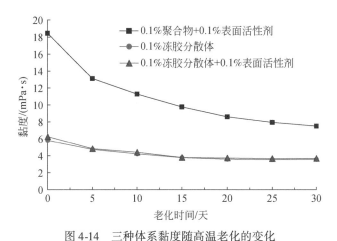

图 4-14　三种体系黏度随高温老化的变化

由图 4-14 可知，三种体系的黏度随着老化时间的增加而降低，采用高矿化度模拟水配制的聚/表二元流度控制体系老化 30 天后黏度下降了 57%，而流度控制体系与软体冻胶分散体老化 30 天后黏度保留率仍高于 60%，表明流度控制体系与冻胶分散体在高温高盐条件下具有较好的黏度稳定性，这种特点主要与制备的软体冻胶分散体颗粒性质相关。

实验进一步采用 Anton Paar 流变仪测定了流度控制体系（0.1%冻胶分散体+0.1%表面活性剂）不同剪切速率下的黏度变化（Yao *et al.*，2013），实验结果如图 4-15 所示。由图 4-15 可知，老化后流度控制体系在不同剪切速率下表现出相似的性质，高温老化后黏度有所下降。

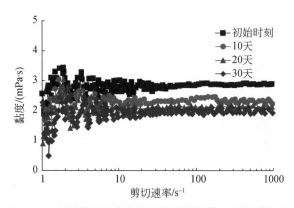

图 4-15 不同剪切速率条件下流度控制体系的黏度变化

4.1.3 流度控制体系性能评价

1. 流度控制体系降低界面张力能力

实验进一步考察了单一表面活性剂体系（0.1%表面活性剂）、流度控制体系（0.1%冻胶分散体+0.1%表面活性剂）在 80℃ 老化不同时间的界面张力变化情况，如图 4-16 所示。

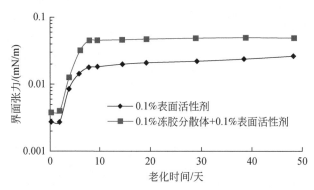

图 4-16 流度控制体系的界面张力随老化时间的变化

由图 4-16 可知，流度控制体系的界面张力随老化时间的增加而增加，当老化时间增加至 50 天时，界面张力由 3.72×10^{-3} mN/m 增加至 5.15×10^{-2} mN/m，老化 20 天后流度控制体系降低油水界面张力的能力基本不变，表明流度控制体系具有较好的降低界面张力能力及良好的应用潜力。

2. 流度控制体系膨胀能力

本研究采用动态光散射仪与激光粒度分析仪测定了单一冻胶分散体（0.1% 冻胶分散体）、流度控制体系（0.1% 冻胶分散体+0.1% 表面活性剂）在油藏条件下的膨胀能力，如图 4-17 所示。

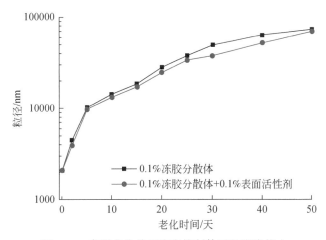

图 4-17　高温老化前后流度控制体系的膨胀能力

由图 4-17 可知，流度控制体系的粒径随着老化时间的增加而增大。在老化初期，流度控制体系的粒径迅速增加。当流度控制体系老化 40 天后，流度控制体系的粒径变化趋于平缓。这种现象可能是由于体系中颗粒之间的氢键与 π−π 键作用、疏水作用等非共价作用的影响，流度控制体系中的表面活性剂会改变颗粒表面的电荷及其他作用力强度。因此，流度控制体系中的颗粒聚集略有差异，但两个体系老化后颗粒的粒径相差不大。

3. 流度控制体系改变润湿性能

采用光学投影法测定流度控制体系改变岩石润湿性能。实验中分别采用两种经过处理的水湿和油湿的石英片模拟地层岩石，将两种不同润湿性的石英片置于表面活性剂溶液和流度控制体系中老化，测定老化后石英片的润湿性改变程度。改性后的水湿石英片的润湿角为 25.5°，油湿石英片的润湿角为 146.5°，结果如图 4-18 所示。

测得不同老化时间流度控制体系和单一表面活性剂改变石英片的润湿性能情况，结果如图 4-19 所示。可知，不同老化时间的流度控制体系和表面活性剂均对石英片的润湿性产生影响，二者均会使油湿石英片的润湿性能发生反转，使得亲油石英片向亲水石英片转变，并减弱亲水石英片的亲水性。这是由于流度控制体系在未老化前有较多的游离表面活性剂分子，亲油基团朝向石英片并通过氢键作用在其表面紧密排列形成多层吸附膜，能够

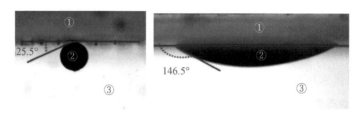

图4-18　处理后石英片的润湿性能
①石英片；②油滴；③水

显著改善石英表面的润湿性。当流度控制体系老化后，体系中的表面活性剂活性分子有效含量降低，减少了其在石英表面的吸附（Ahmadi and Shadizadeh，2012）。

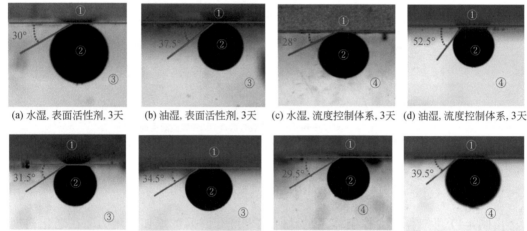

(a) 水湿，表面活性剂，3天　(b) 油湿，表面活性剂，3天　(c) 水湿，流度控制体系，3天　(d) 油湿，流度控制体系，3天

(e) 水湿，表面活性剂，10天　(f) 油湿，表面活性剂，10天　(g) 水湿，流度控制体系，10天　(h) 油湿，流度控制体系，10天

图4-19　流度控制体系与表面活性剂改变岩石润湿性能
①石英片；②油滴；③表面活性剂溶液；④流度控制体系。水湿与油湿表示原始润湿性

4. 流度控制体系抗剪切性能

剪切稳定性是流度控制体系技术的基本要求。本研究采用 Waring 高速剪切机对流度控制剪切不同时间，模拟流度控制体系在地层中受到的剪切作用。在室温条件下，采用 Brookfield 黏度计（6rpm）测得流度控制体系（0.1%冻胶分散体+0.1%表面活性剂）的黏度变化如图4-20和图4-21所示。

由图4-20和图4-21可知，对于流度控制体系，剪切不同的时间，当剪切作用停止后，静置24h，观察二者黏度恢复能力，体系黏度保留率仍在95%以上，表明流度控制体系具有较好的耐剪切性能，这是由于流度控制体系中的冻胶分散体是由高黏弹性的本体冻胶经高速机械剪切形成的稳定体系，当施加外界剪切作用力时，冻胶分散体颗粒粒径与溶液中的固含量基本不变，颗粒之间相互接触碰撞仍能产生有效黏度。

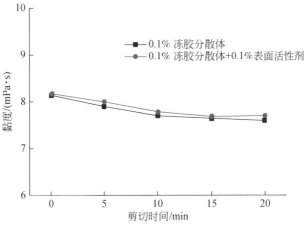

图 4-20　流度控制体系抗剪切性能

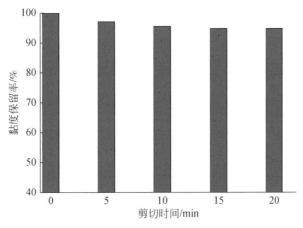

图 4-21　流度控制体系黏度保留能力

4.2　基质–缝网系统流度控制体系吞吐提高采收率规律

基于构筑的流度控制体系，研究其在基质–缝网系统中吞吐提高采收率规律。首先探究流度控制体系吞吐提高采收率潜力及控制模式；在此基础上，进一步明确流度控制体系吞吐提高采收率的影响规律（孙焕泉，2014）。

4.2.1　流度控制体系吞吐提高采收率潜力及控制模式

1. 基质–缝网系统流度控制体系可吞入性

为了验证流度控制体系在基质–缝网系统中的可吞入性，搭建了基质–缝网系统吞入性物理模拟装置，如图 4-22 所示。装置由多个夹持器串联而成，连接点处接有压力传感器，当吞入流度控制体系至测压点位置时，该测压点压力值相比于吞入水时将会升高。

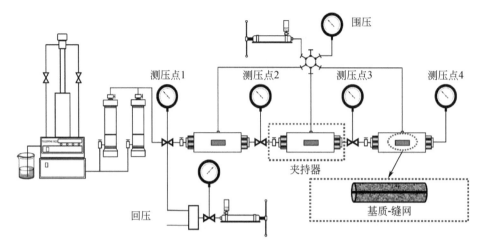

图 4-22 基质–缝网系统吞入性物理模拟装置示意图

分别吞入水、流度控制体系，对比吞入过程各测压点压差变化，通过吞入不同体系测压点压差的变化规律，研究可吞入深度。实验温度 80℃，裂缝宽度 20μm，流度控制体系为 0.1% 表面活性剂+0.1% 冻胶分散体，冻胶分散体平均粒径 5.0μm。实验流程如下：①基质–缝网系统饱和水至地层压力；②衰竭至吞入起始压力值；③吞入水至地层压力；④吐出至起始压力；⑤吞入流度控制体系至地层压力；⑥记录、对比各测压点压力变化。

分别研究了吞入压力为 $0 \sim 30\text{MPa}$、$10 \sim 30\text{MPa}$、$20 \sim 30\text{MPa}$ 时，各测压点与末端测压点压差的对比规律，如图 4-23 所示。

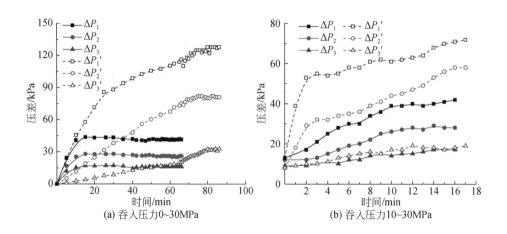

(a) 吞入压力0~30MPa

(b) 吞入压力10~30MPa

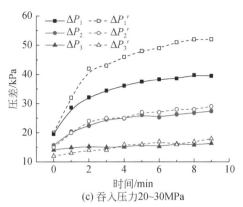

(c) 吞入压力20~30MPa

图 4-23　吞入水、流度控制体系各测压点与末端测压点压差的对比规律

ΔP_1、ΔP_2、ΔP_3 分别为吞入水时各测压点压差；$\Delta P'_1$、$\Delta P'_2$、$\Delta P'_3$ 分别为吞入体系时各测压点压差

依据各测压点与末端测压点压差的对比规律可得，①吞入压力 0 ~ 30MPa 时，流度控制体系可吞入裂缝深部（>2/3）；②吞入压力 10 ~ 30MPa 时，流度控制体系可吞入裂缝中部（>1/3）；③吞入压力 20 ~ 30MPa 时，流度控制体系只能吞入裂缝近端（<1/3）。流度控制体系可吞入深度与吞入过程升压区间的关系如图 4-24 所示。由结果可知，流度控制体系可吞入深度与吞入升压区间大小呈正相关关系，为保证应用时有足够的吞入深度及吞入量，应在可行范围内，保证尽量大的可吞入压力区间。

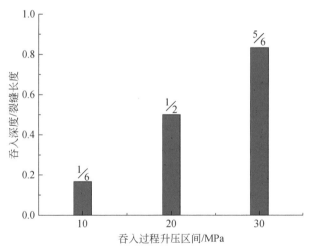

图 4-24　可吞入深度与吞入过程升压区间的关系

2. 流度控制体系吞吐提高采收率潜力

为了明确流度控制体系吞吐提高采收率的潜力与优势，通过物理模拟实验，对比了致密油储层基质–缝网系统表面活性剂吞吐与流度控制体系吞吐提高采收率的效果。

为了实现致密油储层基质–缝网系统吞吐物理模拟实验，自行设计、搭建了如图 4-25 所示的致密油储层基质–缝网系统吞吐模拟装置，装置由注采模块、多尺度缝网模块、恒压边界模块组成。具有以下优点：①加大岩心尺寸，减少计量难度与误差；②三轴夹持器可控制轴向及周向缝宽；③恒压边界模块，模拟实际地层缝网系统边界恒压条件，且在焖井及吐出过程中给缝网系统补充能量；④多尺度缝网系统末端压力传感器可检测实验过程缝网系统压力变化。

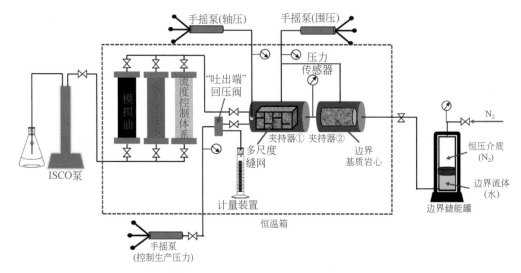

图 4-25 致密油储层基质-缝网系统吞吐模拟装置示意图

实验中采用如图 4-26 所示的基质-缝网系统，岩心块尺寸为 22.5mm×22.5mm×45.0mm，基质孔隙度约 7.0%，基质块渗透率约 $0.3×10^{-3} \mu m^2$。流度控制体系组成为 0.1% 表面活性剂+0.1% 冻胶分散体，冻胶分散体平均粒径 $5 \mu m$。实验温度 80℃，实验流程：①饱和油至地层压力；②衰竭开采；③吞入体系；④焖井；⑤吐出开采。

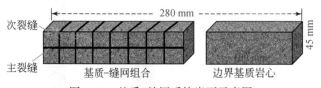

图 4-26 基质-缝网系统岩石示意图

饱和油至系统压力 30MPa、衰竭开采至 10MPa、吞入体系至 30MPa、焖井 5 天、吐出开采至 10MPa，记录产液量及产油量随时间的变化。对比流度控制体系以及 0.1% 表面活性剂溶液吞吐开发效果。实验结果如图 4-27 所示。

由实验结果可知，吐出开采过程为前期出水、后期出油，这是由于表面活性剂与基质岩心中的原油发生了渗吸置换作用。吞入流度控制体系，吐出过程提高采出程度 12.50%；吞入表面活性剂，吐出过程提高采出程度 6.97%。吞入流度控制体系相比于表面活性剂，提高采出程度效果更为显著。

实验还进一步计算了吐出过程产油速率随时间的变化规律，结果如图 4-28 所示。

吞入表面活性剂体系，吐出过程平均产油速率 0.17mL/min，产油时间 320s；吞入流度

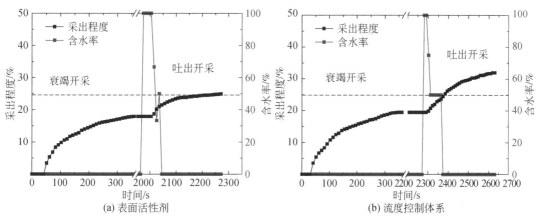

图 4-27　表面活性剂与流度控制体系吞吐采出程度对比

虚线为表面活性剂与流度控制体系吞吐采出程度对比参考线

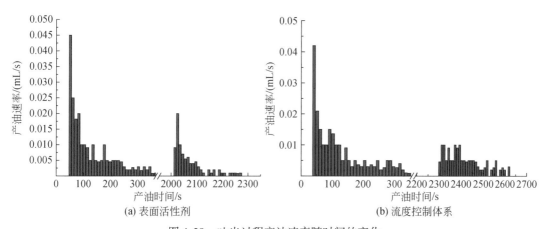

图 4-28　吐出过程产油速率随时间的变化

控制体系，吐出过程平均产油速率 0.21mL/min，产油时间 430s。吞入表面活性剂，前期吐油速率快，但中、后期衰减明显，时间短，与衰竭开采产油特征类似；吞入流度控制体系，吐油速率在吐出开采过程中相对均匀，平均产油速度更快，且产油时间更长。综上所述，流度控制体系可在一定程度上增加吐出开采过程产油速率与产油时间，提高采收率潜力更大。

3. 流度控制模式

对比以下两种控制模式条件下提高采收率特征，探明流度控制体系流度控制模式。①控制吞入剂流度：注水（或活性水）吞入前，先吞入流度控制体系；②控制吐出流体流度：注水（或活性水）吞入后、焖井前，吞入流度控制体系。

两种控制模式如图 4-29 所示。

为了对比明确以上两种控制模式的提高采收率效果，基于图 4-25 和图 4-26 所示的致密油储层基质–缝网系统吞吐模拟装置以及基质–缝网系统，进行了不同控制模式下的吞吐物理模拟实验。实验流程如下：①饱和油至系统压力 30MPa；②衰竭开采至 10MPa；③吞

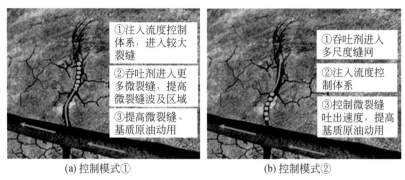

(a) 控制模式①   (b) 控制模式②

图 4-29　流度控制体系流度控制模式示意图

入段塞一至 20MPa；④吞入段塞二至 30MPa；⑤焖井后吐出开采至 10MPa。实验温度 80℃，流度控制体系组成为 0.1%表面活性剂+0.1%冻胶分散体，冻胶分散体平均粒径 5μm。岩心块尺寸为 22.5mm×22.5mm×45.0mm，基质孔隙度约 7.0%，基质块渗透率约 $0.3×10^{-3}μm^2$。实验结果如图 4-30 所示。

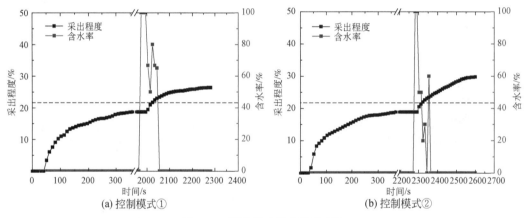

(a) 控制模式①   (b) 控制模式②

图 4-30　两种吞吐采出程度对比

虚线为两种吞吐采出程度对比参考线

由结果可知，两种控制模式相比于单纯吞入表面活性剂体系（6.67%），均有较高的提高采出程度（7.73%，10.91%）；控制模式②（吞入吞吐剂后、焖井前，吞入流度控制体系）相比于控制模式①，提高采出程度效果更明显。

实验还计算了吐出过程平均产油速率随时间的变化规律，结果如图 4-31 所示。

由结果可知，控制模式②（控制吐出流体流度：吞入吞吐剂后、焖井前，吞入流度控制体系）可在一定程度上增加吐出开采过程平均产油速率与产油时间。

实验进一步对比了两种模式吐出过程及系统压力衰竭速率，结果如图 4-32 所示。

由结果可知，控制模式②（控制吐出流体流度：吞入吞吐剂后、焖井前，吞入流度控制体系）可有效减缓吐出开采过程压力衰竭速率；流度控制体系主要控制吐出流体流度，减缓压力衰竭，增加平均产油速率与产油时间，进而增加吞吐采出程度。

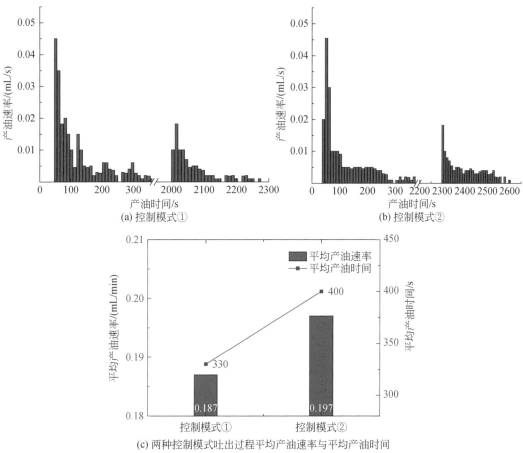

(a) 控制模式①

(b) 控制模式②

(c) 两种控制模式吐出过程平均产油速率与平均产油时间

图 4-31　吐出过程产油速率与产油时间对比

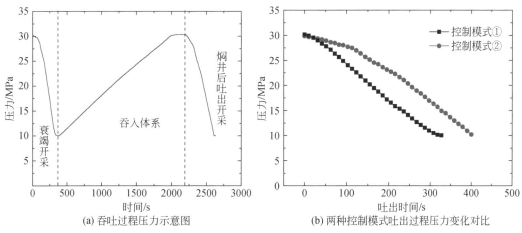

(a) 吞吐过程压力示意图

(b) 两种控制模式吐出过程压力变化对比

图 4-32　吐出过程压力衰竭对比

虚线为 3 个过程的划分

4.2.2　流度控制体系吞吐提高采收率规律

基于流度控制体系吞吐提高采收率潜力及控制模式研究，进一步探究了各因素（吞吐轮次、缝网复杂程度、衰竭压差、吞入压力）对流度控制体系吞吐提高采收率的影响规律，阐述了影响机制。

1. 缝网复杂程度（裂缝密度）的影响

以裂缝密度表征缝网复杂程度，定义裂缝密度为垂直主裂缝方向单位长度次生裂缝条数（条/m）。对比了裂缝密度分别为 44 条/m、89 条/m 时，流度控制体系吞吐提高采出程度的效果。实验流程为饱和油至系统压力 30MPa、衰竭开采至 10MPa、吞入体系至 30MPa、焖井后吐出开采至 10MPa。实验温度 80℃，流度控制体系组成为 0.1% 表面活性剂+0.1% 冻胶分散体，冻胶分散体平均粒径 5μm。岩心块尺寸分别为 45.0mm×22.5mm×45.0mm（裂缝密度 44 条/m）、22.5mm×22.5mm×45.0mm（裂缝密度 89 条/m），基质孔隙度约 7.0%，基质块渗透率约 $0.3×10^{-3}\,\mu m^2$，对比不同裂缝密度条件下流度控制体系吞吐提高采出程度特征，实验结果如图 4-33 所示。

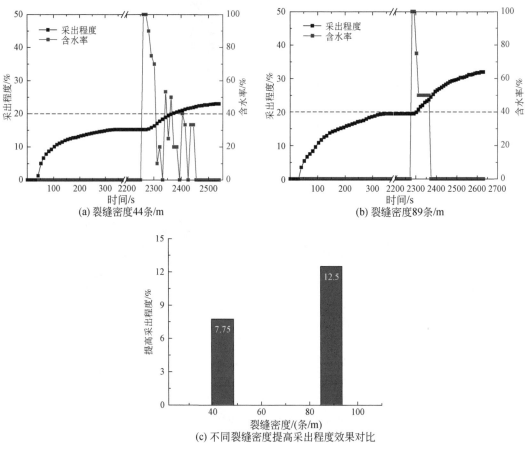

图 4-33　裂缝密度对提高采出程度特征的影响

由以上结果可知，缝网复杂程度对衰竭开采、最终采出程度以及吐出过程提高采出程度影响较大，裂缝密度提高一倍，采出程度可提高 4.75%；缝网密度大，流度控制吐出过程产水时间短，说明体系作用范围大，渗吸排油效果好。

实验进一步对比了不同裂缝密度条件下，吐出过程产油速率与产油时间，结果如图 4-34 所示。

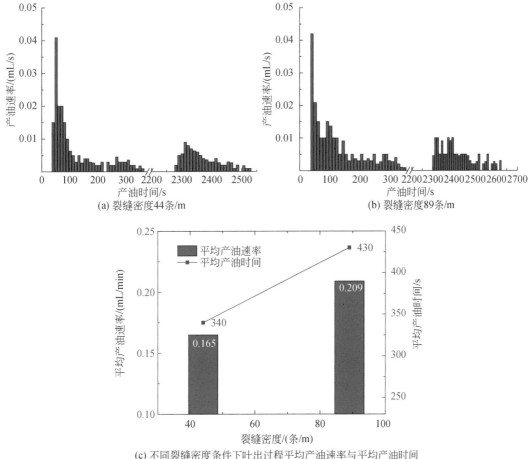

(a) 裂缝密度44条/m　　(b) 裂缝密度89条/m

(c) 不同裂缝密度条件下吐出过程平均产油速率与平均产油时间

图 4-34　吐出过程产油速率与产油时间对比

由以上结果可知，复杂缝网可显著增加流度控制吐出过程平均产油速率及产油时间；缝网密度大，流度控制体系吞入量增加，流度控制效果好，且流度控制体系中渗吸排油剂与基质接触面积大，作用范围广，渗吸排油效果更加显著。因此，复杂缝网可增加吐出过程平均产油时间与平均产油速率，提高采出程度效果更为显著。

2. 衰竭生产压差的影响

基于图 4-25 和图 4-26 所示的致密油储层基质-缝网系统吞吐模拟装置以及基质-缝网系统，研究了衰竭开采过程生产压差对流度控制体系提高采收率的影响规律。实验流程为饱和油至系统压力 30MPa，分别衰竭开采至 5MPa、10MPa、20MPa，吞入体系至 30MPa，焖井后分别吐出开采至5MPa、10MPa、20MPa。模拟不同衰竭生产压差吞吐过程，对比不同衰竭生产压差条件下提高采收率特征。实验温度80℃，流度控制体系组成为0.1%表面活性剂+0.1%冻胶分散体，冻胶分散体平均粒径5μm。岩心块尺寸为22.5mm×22.5mm×45.0mm，基质孔隙度约7.0%，基质块渗透率约0.3×10^{-3}μm^2，实验结果如图4-35所示。

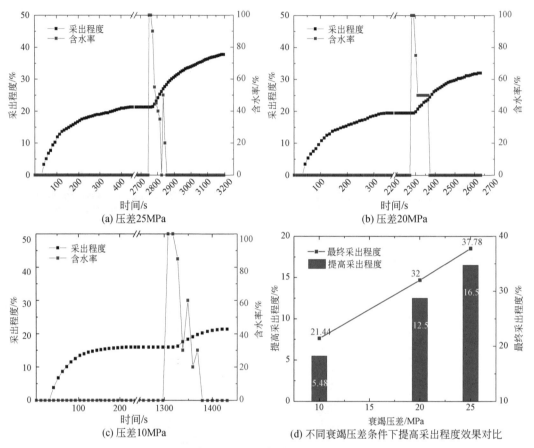

图4-35　衰竭压差对提高采出程度特征的影响

最终采出程度、提高采出程度均与衰竭生产压差呈正相关。进一步对比不同衰竭生产压差条件下，吐出过程产油速率与产油时间，结果如图4-36所示。由以上结果可知，平均产油速率、产油时间均与衰竭生产压差呈正相关；主要靠产油时间的增加而增加采出程度。衰竭生产压差增加，吞入过程升压区间大，吞入流度控制体系量增加，流度控制及渗吸排油效果更显著，因此吐出过程产油时间增加，提高采出程度效果更为显著。在可行范围内，应尽量增加衰竭生产压差。

3. 吞入压力的影响

基于图4-25和图4-26所示的致密油储层基质-缝网系统吞吐模拟装置以及基质-缝网系统，研究了吞入压力对流度控制体系提高采收率的影响规律。实验流程为饱和油至系统压力30MPa，衰竭开采至10MPa，吞入体系分别至20MPa、30MPa、40MPa，焖井后吐出开采至10MPa，对比不同吞入压力条件下提高采收率特征。实验温度80℃，流度控制体系

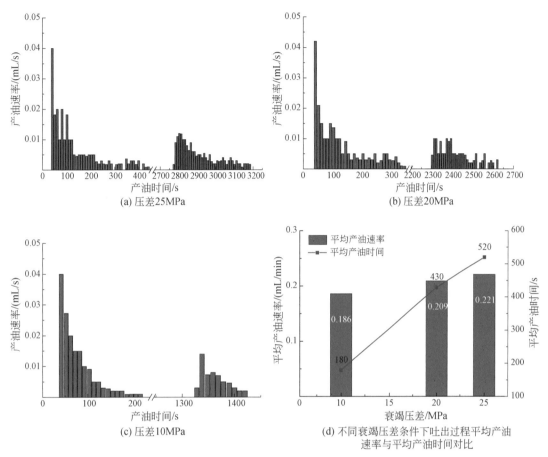

图 4-36　压差对吐出过程采油速率与产油时间的影响

组成为 0.1% 表面活性剂+0.1% 冻胶分散体，冻胶分散体平均粒径 5μm。岩心块尺寸为 22.5mm×22.5mm×45.0mm，基质孔隙度约 7.0%，基质块渗透率约 0.3×10^{-3}μm^2，结果如图 4-37 所示。

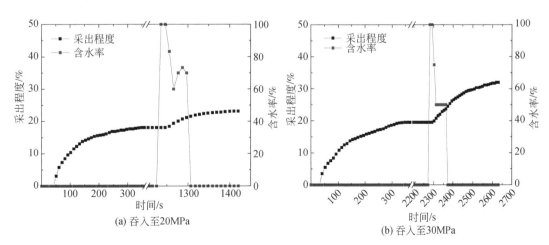

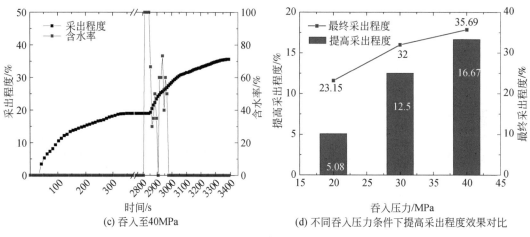

(c) 吞入至40MPa

(d) 不同吞入压力条件下提高采出程度效果对比

图 4-37　吞入压力对提高采出程度特征的影响

由以上结果可知，最终采出程度、提高采出程度均与吞入压力呈正相关。进一步对比不同吞入压力条件下，吐出过程产油速率与产油时间，结果如图 4-38 所示。

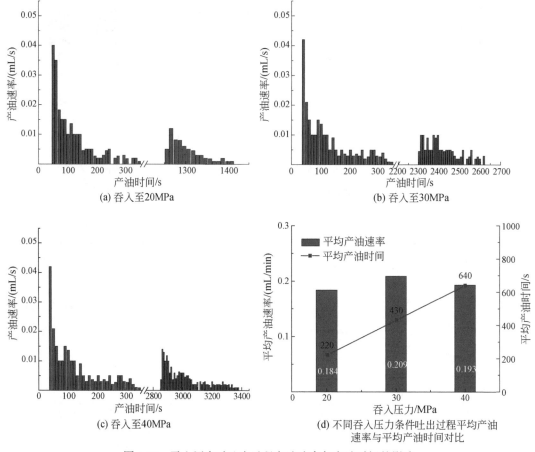

(a) 吞入至20MPa

(b) 吞入至30MPa

(c) 吞入至40MPa

(d) 不同吞入压力条件吐出过程平均产油
速率与平均产油时间对比

图 4-38　吞入压力对吐出过程产油速率与产油时间的影响

由以上结果可知，产油时间与最终吞入压力呈正相关，这是由于最终吞入压力增加，流度控制体系吞入量增加，流度控制效果更为显著，产油时间也增加；平均产油速率在"过压力吞入（吞入至 40MPa）"时有所降低，高吞入压力使体系在基质表面吸附滞留量增加，导致排液能力在一定程度上降低。

4. 吞吐轮次的影响

基于图 4-25 和图 4-26 所示的致密油储层基质–缝网系统吞吐模拟装置以及基质–缝网系统，研究了吞吐轮次对流度控制体系提高采收率的影响规律。实验流程为饱和油至系统压力 30MPa、衰竭开采至 10MPa、吞入体系至 30MPa、焖井后吐出开采至 10MPa；重复以上过程，进行第二、第三轮次吞吐，对比不同吞吐轮次提高采收率特征。实验温度 80℃，流度控制体系组成为 0.1% 表面活性剂+0.1% 冻胶分散体，冻胶分散体平均粒径 5μm。岩心块尺寸为 22.5mm×22.5mm×45.0mm，基质孔隙度约 7.0%，基质块渗透率约 $0.3×10^{-3}$ $μm^2$，结果如图 4-39 所示。

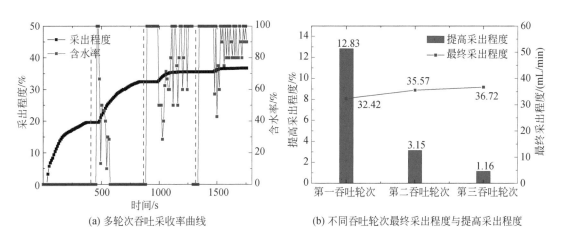

(a) 多轮次吞吐采收率曲线　　　　(b) 不同吞吐轮次最终采出程度与提高采出程度

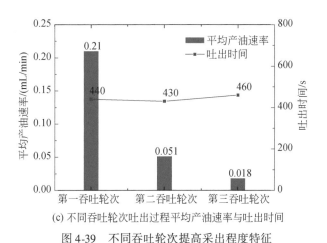

(c) 不同吞吐轮次吐出过程平均产油速率与吐出时间

图 4-39　不同吞吐轮次提高采出程度特征

（a）中虚线划分吞吐轮次

由实验结果可知，吞吐流度控制体系提高采出程度主要在第一吞吐轮次受效；相比于第一轮次吞吐，第二、第三吞吐轮次对基质中原油的动用程度有限，渗吸排油效果较差，含水率高、平均产油速率低，提高采出程度有限。

4.3　基质–缝网系统流度控制体系吞吐提高采收率作用机制

基于构筑的流度控制体系及其在基质–缝网系统吞吐提高采收率规律，通过研究流度控制体系在基质–缝网系统的流度控制特征、提高原油动用特征及在基质纳微米孔喉中的渗吸排油特征，探究基质–缝网系统流度控制体系吞吐提高采收率作用机制。

4.3.1　基质–缝网系统流度控制体系流度控制特征

1. 阻力系数

流度控制体系中冻胶分散体的主要作用是调整裂缝中的流体流度，进而适度控制原油吐出速度，改善双重介质的非均质性。通过物理模拟实验方法，探索了冻胶分散体溶液在裂缝网络中对流度的控制能力。搭建了双重介质模型流度控制物理模拟实验装置，如图 4-40 所示。

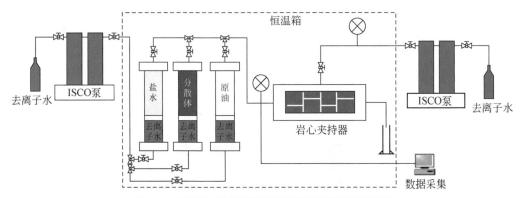

图 4-40　双重介质模型流度控制物理模拟实验装置

实验过程中，首先制备冻胶分散体溶液，测得的溶液中冻胶分散体颗粒 D_{50} 是 2.74μm，根据经验方法，通过调整围压控制裂缝宽度大于 0.56 倍的 D_{50} 直径，获得缝宽是 4.53μm（D_{50} 直径的 0.6 倍）。之后，在 80℃ 恒温箱中开始阻力系数和残余阻力系数测试实验，通过 ISCO 驱替泵，使得模拟地层水以恒定流速 2mL/min、1mL/min、0.5mL/min、0.25mL/min、0.1mL/min 注入缝网系统，观察入口端压力变化，记录稳定压力。再用同样速度和方法注入冻胶分散体，稳定后再注入模拟地层水。

通过阻力系数计算公式：

$$F_R = \frac{\lambda_w}{\lambda_{DPG}} = \frac{\dfrac{K_w}{\mu_w}}{\dfrac{K_{DPG}}{\mu_{DPG}}} = \frac{\Delta P_{DPG}}{\Delta P_w} \tag{4-1}$$

式中，λ_w 为模拟地层水的流度；λ_{DPG} 为冻胶分散体的流度；K_w 为模拟地层水在缝网系统中的有效渗透率；K_{DPG} 为冻胶分散体在缝网系统中的有效渗透率；μ_w 为模拟地层水的黏度；μ_{DPG} 为冻胶分散体的黏度；ΔP_w 为模拟地层水在缝网系统中的压差；ΔP_{DPG} 为冻胶分散体在缝网系统中的压差。

获得了不同流速条件下冻胶分散体在缝网系统中的阻力系数变化数据，如图 4-41 所示。

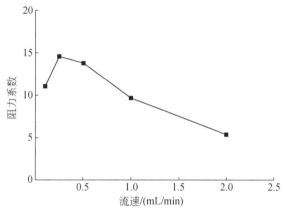

图 4-41　体系在不同流速条件下的阻力系数变化

在不同流速下，冻胶分散体在裂缝中的阻力系数均大于 1，可以在裂缝中起到适度调控流体流度的作用。

在流速逐渐降低的过程中，阻力系数逐渐升高，在 0.25mL/min 时达到最高，之后下降到 11.1。这是由于在流速较高时，裂缝中的流体以较高的剪切速率带动颗粒流动，冻胶分散体颗粒不易在裂缝壁面吸附、不易在缝宽较小处捕集、不易在裂缝底部沉积。当流速逐渐降低时，这种吸附、捕集和沉积效应增强，使得流体流动阻力变大。当这些效应累积到一定程度后，使得液体流动的压力梯度超过这些效应产生的阻力，颗粒得到释放，阻力系数降低。因此，在冻胶分散体流动过程中，应控制流体流速在较低的区间，进而获得较高的阻力系数。

2. 残余阻力系数

通过上述实验，还可以通过下述公式计算残余阻力系数：

$$F_{RR} = \frac{K_{wi}}{K_{wn}} = \frac{\Delta P_{wn}}{\Delta P_{wi}} \tag{4-2}$$

式中，K_{wi} 为冻胶分散体通过缝网系统前的模拟地层水渗透率；K_{wn} 为冻胶分散体通过缝网系统后的模拟地层水渗透率；ΔP_{wi} 为冻胶分散体通过缝网系统前的模拟地层水压差；ΔP_{wn} 为冻胶分散体通过缝网系统后的模拟地层水压差。

相对于阻力系数，残余阻力系数不考虑冻胶分散体黏度产生的阻力效应，而只考虑体系在缝网体系中的吸附和捕集等效应对缝网系统中流动能力的影响，结果如图4-42所示。

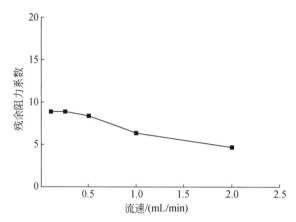

图4-42　体系在不同流速条件下的残余阻力系数变化

由图4-42可知，残余阻力系数均大于1。这说明冻胶分散体在缝网系统中存在吸附、捕集或沉积，降低了缝网系统中流体流动能力，对流体的流度产生了一定的控制，进而可以改善原油的生产剖面。

随着流速的逐渐降低，残余阻力系数缓慢增加。模拟地层水的剪切速率较高，压缩了冻胶分散体在裂缝壁面的吸附层，使得渗流通道变大，残余阻力系数较小。流速降低时，吸附层逐渐恢复厚度，减小了渗流通道，使得残余阻力系数较大。因此，有必要通过控制冻胶分散体浓度，改变分散体在壁面的吸附情况，进而调整冻胶分散体在缝网系统中的流度控制能力（王涛等，2006）。

4.3.2　基质纳-微米孔隙表面活性剂渗吸排油作用特征

1. 流速的影响

采用核磁共振 T_2 谱和核磁共振成像技术定性和定量地表征油在岩心样品中不同大小的孔喉中运移情况以及它们发生运移的条件。核磁共振技术能够识别具有 T_2 弛豫的氢原子信号，而这些信号能够反映能反射信号的物质存在，如正常的油和水。采用核磁检测部分、核磁分析部分（采用仪器为 Macro MR12-150H-I，纽曼仪器分析公司，中国苏州）和岩心驱替装置搭建了在线核磁岩心驱替系统；核磁检测部分和分析系统由 T_2 谱扫描和成像部分组成；岩心驱替系统是由恒温油浴、循环泵、ISCO 泵、中间容器、岩心夹持器和压力传感器组成；实验中的恒温循环和围压控制采用氟油；岩心夹持器由非磁性材料制成以消除实验装置的噪声信号。动态渗吸在线核磁实验装置图如图4-43所示。

实验前对岩心样品进行性质表征，基本参数包括岩心渗透率、孔隙度、长度和直径。实验结果见表4-5。

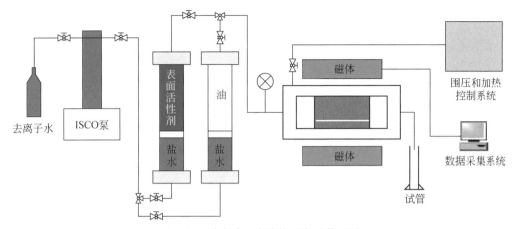

图 4-43　动态渗吸在线核磁实验装置图

表 4-5　实验基本参数

岩心编号	渗透率/$10^{-3}\mu m^2$	孔隙度/%	长度/cm	直径/cm
1	0.52	14.22	2.52	2.52
2	0.67	14.33	2.50	2.53
3	0.66	14.39	2.49	2.52
4	3.46	11.70	2.51	2.51
5	53.18	17.44	2.50	2.52

为完整记录实验中 T_2 曲线随时间的变化，每隔 3min 扫描一次 T_2 谱，扫描时间为 2min 45s。由于表面活性剂由重水配制，屏蔽了氢信号，基底信号被减去，所得信号均为油相信号。图 4-44 为一系列随时间变化的 T_2 谱。

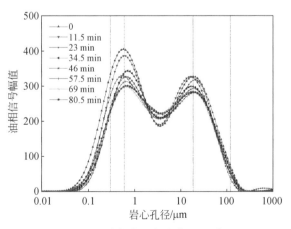

图 4-44　动态渗吸中的典型 T_2 谱图

图 4-44 中横坐标为岩心孔径，核磁共振实验获得横向弛豫时间 T_2 与压汞曲线匹配后，可将弛豫时间转换为孔隙尺寸。纵坐标为油相信号幅值，表示油相信号的强弱；图中时间

标注为动态渗吸过程中的测量时间；4条虚线表示选取的典型孔径，用于对比其中采出程度的变化。

由图4-44可见，该曲线为双峰结构，将岩心孔径为0～1.67μm的视为小孔隙，计算得出采出程度为17.4%；1.67～8.53μm视为中等孔隙，采出程度为4.2%；8.53～386.0μm视为大孔隙，采出程度为14.2%；386.0～3400μm为裂缝。可以看到大、小孔隙曲线幅值下降，说明油相含量在减少；中等孔隙曲线密集，油相含量变化不大。其原因是小孔隙毛管力较大，吸水较快，排出油相所占比例也大；大孔隙直径大，流动阻力小，在动态渗吸驱替压差的影响下，也会有油相排出；中等孔隙在毛管力和流动阻力都不占优势的情况下，作为油相通道，进出油量基本守恒，所以曲线变化较小。裂缝内为流动的表面活性剂，偶尔有油滴析出形成油膜或被表面活性剂挟带出去，显示为T_2谱上偶尔出现的油相信号。

T_2曲线中所有点纵坐标的加和定义为峰面积，代表岩心所有孔隙中的总含油量，计算峰面积随时间的变化，如图4-45所示。

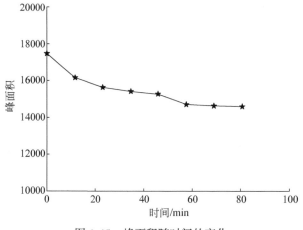

图4-45　峰面积随时间的变化

图4-45中峰面积代表总的油相体积，随着动态渗吸过程的进行，峰面积不断减少，说明油从多孔介质不断析出，每3min测量一次，测量时间为2min 45s，每个测试循环5min 45s，测到第14组（为80min 30s）时稳定，即80min 30s后含油量不再减小，视为实验过程结束。

裂缝内流体流速是影响渗吸效果的重要因素，因此研究不同流速下动态渗吸原油动用规律，采用超低渗岩心（渗透率为$0.52 \times 10^{-3} \mu m^2$），表面活性剂浓度为0.1%，设置注入流速梯度为0.03mL/min、0.1mL/min、0.3mL/min。T_2曲线的幅值代表孔隙中油相含量，由一系列的T_2曲线可以得到孔隙中油相的动用情况（含油饱和度的变化），岩心为双峰结构，用两个单独峰和总的峰面积变化表征小孔隙、大孔隙及总的含油饱和度变化，计算得出油相采出程度，用小孔隙的采出程度除以大孔径的采出程度得到动用比系数r，见表4-6。

表 4-6　不同孔隙中注入流速对采出程度的影响

注入流速 /(mL/min)	小孔隙中油相 采出程度/%	大孔隙中油相 采出程度/%	总采出程度 /%	油相动用比系数 r (小孔隙/大孔隙)
0.03	22.7	4.8	15.3	4.7
0.1	17.4	14.2	15.5	1.2
0.3	5.9	17.3	6.3	0.3

从表 4-6 可见动用比系数 r 的变化，随流速增加，动用比系数 r 减小，说明大孔隙排油对总采出程度贡献率增加，原因是动态渗吸过程是在毛管力与驱替压差的协同作用下发生的，当流速增大，驱替压差所占的比例增大，增加对大孔隙的动用率。

取两个波峰（0.6μm 及 18.4μm）、波峰与 T_2 起始值及结束值的中值（0.3μm 及 116.7μm）4 个孔径研究采出程度变化，如图 4-46 所示。

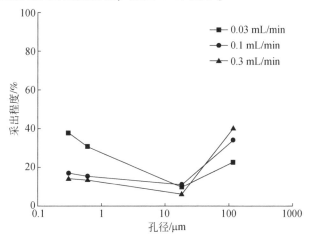

图 4-46　不同注入流速下 4 种特征孔隙内的采出程度

由图 4-46 可见，在 0.3μm 及 0.6μm 孔径中（10μm 以下孔径），流速越大，采出程度越低；流速对孔径为 18.4μm 的孔隙采出程度影响不大，而 116.7μm 孔径的采出程度随着流速的增加而上升，证实提高流速只是提高了产油速率，高流速挟带水相快速通过裂缝，不利于裂缝中水相进入岩心置换油相，因此降低了小孔隙的采出程度。

每种流速的采出程度呈现孔径为 0.3μm 及 116.7μm 的采出程度大于孔径为 0.6μm 及 18.4μm 的采出程度的规律，前面已提及中等孔隙作为油相通道，只会造成含油量的轻微波动，而 0.6μm 和 18.4μm 属于大、小孔隙中靠近中等孔隙的部分，所以采出程度会比两端的（0.3μm 及 116.7μm）小（Yao et al., 2014；雷光伦等，2012；Yang et al., 2017a；Mauran et al., 2001；戴彩丽等，2018）。

2. 基质渗透率的影响

采用表面活性剂浓度 0.1%，注入流速为 0.1mL/min，以及三组渗透率分别为 $0.52 \times 10^{-3}\mu m^2$、$3.46 \times 10^{-3}\mu m^2$、$53.18 \times 10^{-3}\mu m^2$ 的岩心，研究不同岩心渗透率下纳微米孔喉内的原油排出规律，实验结果如图 4-47 和表 4-7 所示。

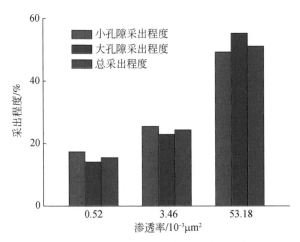

图 4-47　不同岩心渗透率下的采出程度

表 4-7　不同孔隙中岩心渗透率对采出程度的影响

渗透率/$10^{-3}\,\mu m^2$	小孔隙油相 采出程度/%	大孔隙油相 采出程度/%	总采出程度 /%	油相动用比系数 r （小孔隙/大孔隙）
0.52	17.4	14.2	15.5	1.2
3.46	25.5	22.9	24.4	1.1
53.18	49.3	55.3	51.3	0.9

随着渗透率的增加，小孔隙采出程度、大孔隙采出程度、总采出程度都显著提高，从 $0.52\times10^{-3}\,\mu m^2$ 到 $3.46\times10^{-3}\,\mu m^2$，总采出程度提高 1.6 倍，从 $3.46\times10^{-3}\,\mu m^2$ 到 $53.18\times10^{-3}\,\mu m^2$，总采出程度提高 2.1 倍。但采出程度比值随着渗透率的增加而减小，在三种采出程度都增长的情况下，说明渗透率对大孔隙出油的影响更多，动用大孔隙出油所占比例越来越大；反过来看即岩心越致密，小孔隙动用比例越大，采油机理逐渐由驱替采油向渗吸采油转化。

取两个波峰（0.4μm 及 28.4μm）、波峰与 T_2 起始值及结束值的中值（0.2μm 及 86.5μm）4 个孔径研究采出程度变化，如图 4-48 所示。

由图 4-48 可见，4 种孔径的采出程度均是 $53.18\times10^{-3}\,\mu m^2 > 3.46\times10^{-3}\,\mu m^2 > 0.52\times10^{-3}\,\mu m^2$，原因是渗透率大，岩心内允许流体流动能力强，不同孔径的油相流动能力都得到提高，利于水相进入和油相排出，提高了孔喉动用程度。

3. 焖井时间的影响

采用超低渗岩心（渗透率为 $0.67\times10^{-3}\,\mu m^2$），设置注入流速为 0.1mL/min，表面活性剂浓度为 0.1%，实验总时间为 90min，采用注入与焖井相交替的方式进行实验，设置注入时间与焖井时间见表 4-8，研究焖井时间比例对纳微米孔喉内的原油动用的影响规律，所得孔喉动用程度如图 4-49 所示。

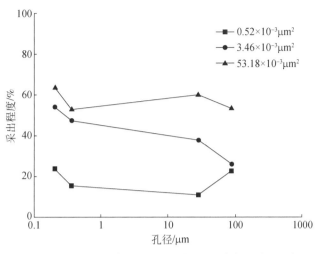

图 4-48 不同渗透率岩心下 4 种特征孔隙内的采出程度

表 4-8 注入焖井时间情况

编号	注入时间/min	焖井时间/min	总时间/min	（焖井时间/总时间）/%
#1	0	90	90	100
#2	22.5	67.5	90	75
#3	45	45	90	50
#4	67.5	22.5	90	25
#5	90	0	90	0

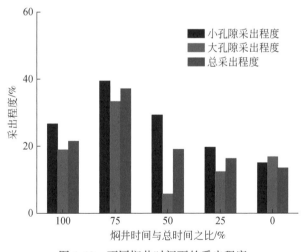

图 4-49 不同焖井时间下的采出程度

由图 4-49 可见，随着焖井时间所占比例的减小，小孔隙采出程度先增加再减小，采出程度在焖井时间比例为 75% 时达到最大为 39.6%，总采出程度也是先增加再减小，在焖井时间比例为 75% 时达到最大，为 37.5%。有焖井措施的 4 组（#1、#2、#3、#4）小孔隙动用程度均高于只注入的（#5）动用程度，证实一定的焖井时间有利于小孔隙渗吸，但并不是焖井时间越长越好，而是存在最佳焖井时间比例，本实验中为 75%。不同焖井时间下 5 种特征孔隙内采出程度的实验结果如图 4-50 所示。

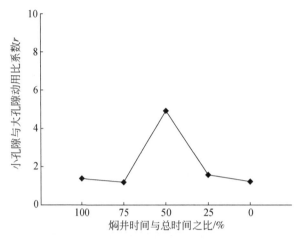

图 4-50 不同焖井时间下 5 种特征孔隙内的采出程度

随着焖井时间比例的减少，r 先增大后减小，是因为从 100% 到 50%，在有焖井措施的情况下，提高一定的注入时间可以挟带渗吸出的油相，促进小孔隙渗吸排油；从 50% 到 0%，注入时间的增加提高了注入量，水相被驱进大孔隙的概率更大，促进大孔隙油相排出，总体体现为 r 的先增加后减小。

4.4 小 结

（1）流度控制体系由冻胶分散体和磺基甜菜碱构成，综合考虑低界面张力、黏度及成本因素，该体系中优化的表面活性剂浓度为 0.05% ~ 0.12%，冻胶分散体的浓度为 0.08% ~ 0.12%。

（2）流度控制体系可吞入深度与吞入升压区间大小呈正相关关系，在可行范围内，应保持尽量大的可吞入压力区间。控制模式②控制吐出流体流度：吞入吞吐剂后、焖井前，吞入流度控制体系，可有效减缓吐出开采过程压力衰竭速率。流度控制体系主要控制吐出流体流度，减缓压力衰竭，增加吐出采出程度。

（3）复杂缝网可显著增加吐出过程平均产油速率及平均产油时间，缝网密度越大，对流度控制效果越有利。吞吐过程流度控制体系主要在第一吞吐轮次受效，第二和第三吞吐轮次提高采收率有限。

（4）流度控制体系中的冻胶分散体在流动过程，应控制在较低的流速区间，进而获得较高的阻力系数。同时，流速逐渐降低，残余阻力系数缓慢增加，可以通过冻胶分散体的浓度调整流度控制能力。

（5）流度控制体系中的表面活性剂具有渗吸排油的作用。小大孔径的油相动用比系数 r 随着流速增大、界面张力增加、渗透率增加而减小，r 的增大意味着采油机理逐渐由驱替采油向渗吸采油转化。一定的焖井时间有利于渗吸置换小孔隙的原油，当焖井时间占总时间比例为 75% 时，小孔隙采出程度和总采出程度均达到最高（39.6% 和 37.5%）。

参 考 文 献

陈晓彦. 2009. 非均相驱油剂应用方法研究. 石油钻采工艺, 31（5）: 85-88.

崔晓红. 2011. 新型非均相复合驱油方法. 石油学报, 32（1）: 122-126.

戴彩丽, 付阳, 由庆, 等. 2014. 高温高盐油藏堵剂的研制与性能评价. 新疆石油地质, 35（1）: 96-100.

戴彩丽, 邹辰炜, 刘逸飞, 等. 2018. 弹性冻胶分散体与孔喉匹配规律及深部调控机理. 石油学报, 39（4）: 427-434.

刁素, 蒲万芬, 黄禹忠, 等. 2007. 新型耐温抗高盐驱油泡沫体系的确定. 西南石油大学学报, 8（3）: 91-93.

胡艳霞, 刘淑芳. 2011. 耐温抗盐深部复合调驱体系的研究与应用. 内蒙古石油化工, 37（5）: 112-114.

黄宁, 王中华, 孙举, 等. 2002. 耐温耐盐低度交联聚合物驱油体系的研究. 精细石油化工, 4（5）: 1-3.

雷光伦, 李文忠, 贾晓飞, 等. 2012. 孔喉尺度弹性微球调驱影响因素. 油气地质与采收率, 19（2）: 41-43.

李阳. 2015. 中国石化致密油藏开发面临的机遇与挑战. 石油钻探技术, 43（5）: 1-6.

梁伟, 赵修太, 韩有祥, 等. 2010. 驱油用耐温抗盐聚合物研究进展. 特种油气藏, 17（2）: 11-14.

刘述忍, 康万利, 白宝君, 等. 2013. 预交联凝胶颗粒与十二烷基硫酸钠的相互作用. 中国石油大学学报（自然科学版）, 37（2）: 153-157.

吕茂森, 张还恩, 赵仁保, 等. 2000. AM/AMPS 二元共聚物/有机铬胶态分散凝胶的制备. 油田化学, 17（1）: 66-68.

蒲万芬, 赵帅, 袁成东, 等. 2016. 耐温抗盐聚合物微球/表面活性剂交替段塞调驱实验研究. 油气藏评价与开发, 6（4）: 69-73.

任亭亭, 宫厚健, 桑茜, 等. 2015. 聚驱后 B-PPG 与 HPAM 非均相复合驱提高采收率技术. 西安石油大学学报（自然科学版）, 30（5）: 54-58.

孙焕泉. 2014. 聚合物驱后井网调整与非均相复合驱先导实验方案及矿场应用——以孤岛油田中一区 Ng3 单元为例. 油气地质与采收率, 21（2）: 1-4.

王平美, 罗健辉, 张颖, 等. 2002. 用于高温高盐油田的非离子聚合物弱凝胶调驱体系. 石油钻采工艺, （5）: 53-56.

王涛, 肖建洪, 孙焕泉, 等. 2006. 聚合物微球的粒径影响因素及封堵特性. 油气地质与采收率, 9（4）: 80-82.

吴莎, 和浩, 周迅, 等. 2014. 濮 53 块表面活性剂/聚合物微球复合驱技术研究. 石油化工应用, 33（2）: 90-92.

张继风, 叶仲斌, 杨建军, 等. 2004. 聚合物驱提高高温高矿化度油藏采收率室内实验研究. 特种油气藏, 5（6）: 80-81.

张岩, 岳前声, 向兴金, 等. 2001. 疏水缔合型水溶性聚合物的合成性质与应用. 钻井液与完井液, 18（2）: 47-50.

赵福麟. 2012. 油田化学. 青岛: 中国石油大学出版社.

Ahmadi M, Shadizadeh S. 2012. Adsorption of novel nonionic surfactant and particles mixture in carbonates: enhanced oil recovery implication. Energy and Fuels, 26 (8): 4655-4663.

Bai Y R, Wang Z B, Shang X S, et al. 2017. Experimental evaluation of a surfactant/compound organic alkalis flooding system for enhanced oil recovery. Energy and Fuels, 31 (6): 5860-5869.

Dai C L, Zhao G, Zhao M W, et al. 2012. Preparation of dispersed particle gel (DPG) through a simple high speed shearing method. Molecules, 17 (12): 14484-14489.

Elsharafi M, Bai B J. 2017. Experimental work to determine the effect of load pressure on the gel pack permeability of strong and weak preformed particle gels. Fuel, 188: 332-342.

Fang J C, Wang J H, Wen Q Y, et al. 2017. Research of phenolic crosslinker gel for profile control and oil displacement in high temperature and high salinity reservoirs. Journal of Applied Polymer Science, 135 (14): 46075.

Imqam A, Bai B J, Al R M, et al. 2015. Preformed-particle-gel extrusion through open conduits during conformance-control treatments. Society of Petroleum Engineers Journal, 20 (5): 1083-1093.

Li W T, Dai C L, Ou Y J, et al. 2018. Adsorption and retention behaviors of heterogeneous combination flooding system composed of dispersed particle gel and surfactant. Colloids and Surfaces A: Physicochemical and Engineering Aspects, 538: 250-261.

Liu Y F, Dai C L, Kai W, et al. 2016. Investigation-on preparation and profile control mechanisms of the dispersed particle gels (DPG) formed from phenol-formaldehyde cross-linked polymer gel. Industrial and Engineering Chemistry Research, 55 (22): 6284-6292.

Mauran S, Rigaud L, Coudevylle O, et al. 2001. Application of the Carman-Kozeny correlation to a high-porosity and anisotropic consolidated medium: the compressed expanded natural graphite. Transport in Porous Media, 43 (2): 355-376.

Wu Y N, Chen W X, Mei H, et al. 2017. Application of dispersed particle gel to inhibit surfactant adsorption on sand. Journal of Surfactants and Detergents, 20 (4): 1-9.

Yang H B, Kang W L, Wu H R, et al. 2017a. Stability, rheological property and oil-displacement mechanism of a dispersed low-elastic microsphere system for enhanced oil recovery. RSC Advances, 7 (14): 8118-8130.

Yang H B, Kang W L, Xia Y, et al. 2017b. Research on matching mechanism between polymer microspheres with different storage modulus and pore throats in the reservoir. Powder Technology, 313: 191-200.

Yao C J, Lei G L, Gao X M, et al. 2013. Controllable preparation, rheology, and plugging property of microngrade polyacrylamide microspheres as a novel profile control and flooding agent. Journal of Applied Polymer Science, 130 (2): 1124-1130.

Yao C J, Lei G L, Cathles L, et al. 2014a. Pore-scale investigation of micron-size polyacrylamide elastic microspheres (MPEMs) transport and retention in saturated porous media. Environmental Science and Technology, 48 (9): 5329-5335.

You Q, Tang Y C, Dai C L, et al. 2014b. A study on the morphology of a dispersed particle gel used as a profile control agent for improved oil recovery. Journal of Chemistry, 33 (2014): 1-9.

Zhao G, Dai C L, Zhao M W, et al. 2014. Investigation of the profile control mechanisms of dispersed particle gel. Plos One, 9 (6): 100471.